世 界 建 筑 史 丛 书

罗 马 建 筑

[英] 约翰·B·沃德—珀金斯 著

吴葱 张威 庄岳 译

中国建筑工业出版社

　　罗马建筑在欧洲建筑史上的重要地位是易被忽视的。这部分是因为，罗马建筑的影响，从大西洋到幼发拉底河，从大不列颠到北非，波及范围极大；而且还因为罗马人对形式、风格、技术和建筑材料的选择是折衷的。虽然希腊人和伊特鲁里亚人从公元前 5 世纪起就在很大程度上确定了早期罗马建筑的进程，但一种新的整合状态及时地形成了，并以两个具有高度创造性的建筑杰作达到高峰，即公元 2 世纪的罗马万神庙和 6 世纪的君士坦丁堡圣索菲亚教堂。罗马人开拓的革命性建筑新材料，使他们可能发展出建筑新类型。圆形剧场、公共浴室、别墅、巴西利卡和市场建筑，连同为城镇供水的高架渠、连接城镇的下水道和精修的道路，成为许多地区的重要标志。尼姆、特里尔、韦鲁拉缪姆、维罗纳、蒂沃利（哈德良的别墅）、庞培、奥斯蒂亚、斯普利特、塞萨洛尼基、北非的提姆加德和大莱普提斯、以弗所、米利都、帕加马和康斯坦布尔，这些在本书中提及的地区，只是从罗马城以外大批保存有罗马建筑古迹的地区中挑选出来的。本书叙述体例部分按年代，部分按地域，并附有大量平面图和复原图。

　　本书作者约翰·B·沃德—珀金斯（John B. Ward-Perkins），是杰出的古代历史学家和考古学家，对罗马建筑和早期基督教建筑以及古代城市有过专门研究，曾在英国、法国、意大利、土耳其和利比亚等国进行过考古发掘，1946 年至 1974 年任罗马不列颠学院院长。

目　录

前　言

在所有的艺术当中,建筑是罗马人最富有创造力的领域。西方人今天仍生活在一个时代的余晖之中,提到这个时代时,人们总是将帕提农神庙(Parthenon)作为古典建筑遗产中至高无上的经典。而实际上,无论就其时代的创造性建筑构思,还是就对后世欧洲建筑的重要意义来说,不管帕提农有多么完美无缺,罗马城中的万神庙(Pantheon)无疑才是最重要的纪念碑。这样的观点在我们的先人看来一定是异端邪说,然而昨天的邪说正在一步步变成今天的正统。仅此一点,罗马建筑的历史就值得考察。而此书的主要目标之一就是记录并解释这些"新"罗马建筑的出现——其中万神庙既是罗马建筑的象征,同时也只是其骄人成就中的一项。

假如这只是本书的唯一目标,那么任务就相当简单了。但是,建筑还反映了特定时代和地域的文化,而且,希腊和罗马这两个前后相继的古典文化中心之间的关系问题,一直倍受争议。有关的讨论热得不能再热,却又不得要领。建筑领域的问题不像其他艺术(如雕塑)那样复杂,因为罗马建筑的独特个性鲜明可鉴,不容否认。但罗马建筑的形式语汇直接来自希腊的太多,而以前的研究着力于这个关系也太多,以致对这一问题的性质作简要叙述都是必要的第一步。

希腊建筑是一个自信文明的产物,在这个伟大的创新时期,从公元前7世纪到公元4世纪,艺术的目的保持了异乎寻常的统一。今天,面对一座希腊时期的或者受到希腊影响的建筑或雕像,即使是门外汉也能一眼认出,艺术史家则更能详述其希腊特征。这当然首先归于希腊艺术中弥足珍贵的创造性精神。然而,认识到下面这一点也非常重要,即历史环境助长了这种精神并极大地强化了它的影响。在艺术方面,与希腊直接接触的文化首先是被亚历山大大帝(Alexander the Great)征服的地区,他们都是接受者而不是给予者(唯一的主要例外是埃及,早期希腊确实从中吸收了不少)。波斯人的才能在于其他领域;黎凡特地区(Levant)的闪米特人除了大量借鉴来的装饰母题和优秀手工艺传统之

外,就没有别的贡献了;其他每到一处,古希腊人都发现,与自己打交道的人均处在较低的物质文明水平,急于接受希腊的工艺和思想,而不能互通有无。这样,从西西里到黑海——远及亚历山大之后的古代东方——都打上了希腊艺术作品的深深烙印,其遗迹今人几乎不会错认,就不足为奇了。

罗马的情况则迥然不同。罗马艺术和罗马建筑是在一个从物质到精神都被希腊成就所主宰的世界中诞生和发展的,先是在希腊以西的殖民地,其次在伊特鲁里亚(Etruria),然后是罗马东扩后的希腊本土。这一关系极为复杂,还牵涉到其他文化。尽管我们今天毫不置疑地将希腊和罗马结成一体,视为古典文化的遗产,但在艺术领域中,是很难为罗马的贡献定性的,许多倍受争议的问题一直存在。一些学者走向一个极端,他们找到具体的、本质性的"罗马"成分,这些因素可以说明罗马作品中先天的罗马性(Roman-ness, romanic)。另一些学者则走入另一极端,他们准备取消所有罗马艺术,只将其视为晚期的、按希腊古典主义标准又是式微的希腊艺术的延续。今天的绝大多数学者都认为,实际情况介于这两种极端之间。一个普遍接受的观点是,罗马艺术和罗马建筑是一个连续发展的复杂历史状况的产物,在这一历史状况中,政治的、社会的和经济的因素都起到重要作用。这种状况从性质上说预先排除了对艺术发生的简单化理解。假如说希腊和罗马各自都是主角,那么它们之间的关系就几乎不可能是简单的对话。用音乐术语来说,这更像是二重奏,两个主乐器在一个完整的管弦乐曲结构中演奏各自的部分;或者换成另一个音乐的例子打比方,就像是交响乐的一个乐章,两个主题旋律中的一个在开始时清晰奏出,另一个在乐曲进行中逐渐形成,最后作为整个乐曲发展的逻辑结果呈现。希腊建筑按照其社会和美学前提的内在逻辑性曾非常自由地走向成熟,而罗马建筑发展的大部分历史却否定了这种艺术上的奢求。因此,我们必须将这种情况当做一个例证来研究,这个例证显示了一个复杂多变的、并常常是难以捉摸、令人气恼的历史现象,这就是罗马及其帝国。

第一章　肇始：共和国时期的罗马

罗马建筑最早的历史与其说是建筑史学家的研究领域，倒不如说是人类学家和宗教史学家的研究领域。在帕拉蒂诺山（Palatine）所见最早的聚落中，椭圆形小屋用木材、篱笆和茅草构筑；村落与周围的田野分开，由壕沟和栅栏围合着；圣地关联着原始质朴民族依照季节的巫术——这一切对后来的罗马宗教礼仪和禁忌都具有潜在的重要意义。但直到公元前 6 世纪，在伊特鲁里亚的直接影响下，才开始出现了在后来的建筑历史中留下重要印记的建筑。

其中第一个、也是未来几百年中最富盛誉的实例，就是位于卡皮多利诺山（Capitoline）的朱庇特、朱诺和密涅瓦庙（Temple of Jupiter Optiums Maximus，Juno，and Minerva），传统上认为落成于公元前 509 年。对于罗马来说，这座国家神庙从很多方面看都是划时代的建筑，包括绝对规模（平面为 204 英尺×174 英尺，即 62.25m×53.30m），月台、圣堂和上部结构中其他部分所用材料（前者为料石，后者是造型精巧、漆饰华丽的陶瓷饰面的木料）、大量真人尺寸的陶像［维爱（Veii）有一座被称为波尔通纳乔（Portonaccio）的伊特鲁里亚式神庙，该庙的雕像与此处的大致可确认为出自同一作坊，从中我们可以领略到此处雕像的风韵］，以及最重要的，这座庙宇中的希腊神庙概念（希腊人将神庙视作一座纪念性建筑，而不是原始意大利用法中的那种宗教礼仪性的神圣围合区域）。所有这些都是伊特鲁里亚本身相对较新的创造，而激发这种创造的则是与意大利南部希腊殖民地的紧密联系，以及希腊工匠在意大利中部的活动。但是，所获成果远非对希腊模式的盲目模仿。低矮伸展的比例、三间并列的圣堂（这是普遍但不具绝对意义的特征）、横跨整个面宽的连续后墙——这些都是为适应伊特鲁里亚人的需求而对希腊做法作出的实质性改造。直到公元前 2 世纪，伊特鲁里亚—意大利式（Etrusco-Italic）神庙依然是出檐深远、低矮伸展的建筑形象，其比例让希腊人看来是离奇古怪的。我们立即会不自觉地意识到，古希腊建筑和罗马建筑之间很少有明确的传承关系。

在随后的几个世纪里，罗马的政治势力在意大利中部逐渐确立，同时，特征鲜明的罗马建筑也缓慢而稳步地出现。建筑材料取自当地：料石用于纪念性工程，木材用于框架和屋顶，陶瓷用于面砖和瓦顶。用在次要墙体的有各种材料，既能单独使用也可以用木材或石材加固。其中

一种是土坯砖（sun-dried brick），虽然因显而易见的原因鲜有考古发现，但曾经被广泛使用；另一种是砂浆碎石（motared rubble），起初仅作为平台和月台的惰性填料，随着灰泥质量的提高，逐渐在共和国晚期时发展成独立的建筑材料，具有很好的适应性和应用前景。

从罗马城逐渐扩展到整个拉丁姆（Latium）的火山区范围内，蕴藏着丰富的优质粘土和软质火山岩——凝灰岩。凝灰岩易于加工成方形石块，这在卡皮多利诺山的朱庇特庙中已经看到。罗马以东和以北山区的石料与此截然不同，是一种能自然开裂成不规则蛮石的石灰石。这里的自然倾向是对石料原样照用，只有当需要建造华丽的多角石墙体和平台砌体（polytonal wall and terrace）时才对石材加以修琢，如阿拉特里（Alatri）、阿梅利亚（Ameria）、科里（Cori）、费伦蒂努姆（Ferentinum）、诺尔巴（Norba）和塞尼（Signia）所见到的那样。向规则化成层砌筑的发展的恒稳趋势的确存在，无此则人们无法想象会出现许多更为成熟的经典建筑形象。但是在大约 500 年间，主要因就地取材的方便，方石和多角石这两类砌体一直同时并存。

相同的考虑也应用到各式面层做法中，这些面层采用共和国晚期和帝国时期的砂浆毛石。到这时，施工的速度更快，时代风尚的影响也相应增强，从最早不规则的毛石乱砌法，到整齐的方石网眼砌法，再到帝国时代砖的成层砌法，罗马自身的发展乃是以"代"计而非以世纪论。尽管如此，地方材料还是扮演了重要角色。普拉埃内斯特［Praeneste，今帕莱斯特里纳（Palestrina）］的福尔图纳圣所（Sanctuary of Fortuna Primigenia）中细致的乱砌法（opus incertum）就在逻辑上表达了当地石材的品质。罗马的构造做法传播到意大利北部及更远的地区之后，出现了很多不同寻常的变通做法（分层的小块、不规则的碎片甚至圆滑的河卵石），而各种方法的共同基础就是非常便于就地取材。

对今天的观看者来说，很难相信像图 127 那样的砌法并不是给人看的。除一些明显的例外（如城墙）之外，一般来说，共和国时期的外墙都抹上灰泥作为抵御风雨的保护层。在罗马附近，第一次用作常规建筑材料的石材是石灰华，采自蒂布尔［Tibur，今蒂沃利（Tivoli）］之下的平原。像此前其他较小石材一样，石灰华以其整体的承载力而继续

图 3 罗马，刻有卡皮多利诺山的朱庇特庙的硬币，是约公元前 76 年按传统形式复原时的情景

图 4 波塞东尼亚（帕埃斯图姆），一座典型希腊神庙赫拉庙（Temple of Hera）的立面图和平面图（引自 Martin，1966 年）

图 5 波塞东尼亚（帕埃斯图姆），广场旁边的神庙立面和平面。这是一座典型的希腊化意大利庙宇，约重建于公元前 100 年（引自 Krauss 和 Herbig，1939 年）

图 6 普拉埃内斯蒂纳大道附近按传统形式的凝灰岩采石场

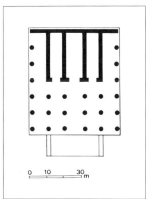

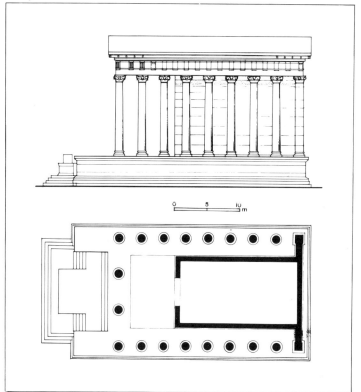

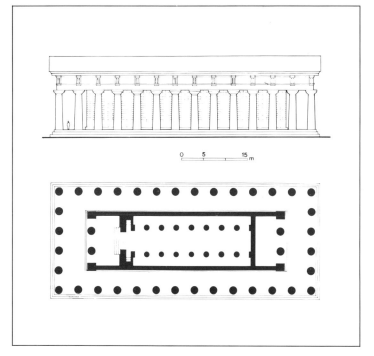

7

用在砌体内部，如罗马努姆广场（Forum Romanum）卡斯托尔和波卢克斯庙（Temple of Castor and Pollux）的底部结构。但是，石灰华也因抗侵蚀的性能以及布满小坑的表面质感和诱人的银灰色而成为理想的面层材料，用于一些纪念性建筑，如大角斗场（Colosseum）、图密善运动场［Stadium of Domitian，今纳沃纳广场（Piazza Navona）］或哈德良（Hadrian）皇帝的阿埃柳斯桥（Pons Aelius）。而大理石则是另一种可以露明的传统材料。另一方面，在卡拉卡拉浴场（Baths of Caracalla）的罗马努姆广场中，可以见到采用了大面积的砖包混凝土做法，这一做法完全错误地传达了建筑师原来在视觉上的意图。现在所看到的跟罗马人曾经看到的是两回事，这的确是在学习罗马建筑时面临的一个问题。

罗马建筑的形式是由哪些因素决定的呢？早期的作者一致认为，伊特鲁里亚的影响非常重要。罗马的末代"王"塔尔昆氏（Tarquins）是伊特鲁里亚的军事冒险家（condottieri），即使在公元前 509 年他们被驱逐之后，富庶的伊特鲁里亚城市如维爱和西里（Caere）仍是罗马城的近邻。卡皮多利诺山上的朱庇特庙几个世纪以来一直是伊特鲁里亚宗教礼仪遗产的骄傲象征，这种礼仪已蔓延到罗马宗教的方方面面。如实地说，在土木工程、水利和排水设施领域，在对材料的处理技术上，在其他所有构造技术方面，罗马人站在了伊特鲁里亚先辈奠定的坚实基础上。

长远来看，罗马建筑语汇发展中另一个更重要的因素，是出现了需要罗马特殊背景的、罗马特有的政治和社会机构设施。其中处于核心地位的是罗马努姆广场。这是一个多功能的公共开放空间，四周围绕着城市中最庄严的一组建筑：王宫（Regia）[①]，后来是继承了罗马王宗教职责的大祭司（Pontifex Maximus）府邸；维斯太小庙（Small Temple of Vesta），庙中的圣火是城市生命精神的象征；萨特恩庙（Temple of Saturn，公元前 501—前 493 年）；卡斯托尔和波卢克斯庙（公元前 484年）；以及位于西北端的祭祀圣区（sactified precinct），用作公共集会

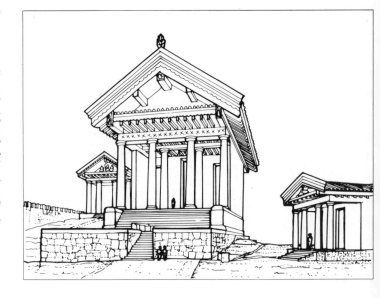

---

① Regia 是罗马王政时代的王宫，共和国时期改为大祭司府邸。——译者注

场所；圣区之上为元老院会堂（Curia 或 Senate），系城市领导人会晤之处。考古勘查揭示的最早阶段的清晰图景表明，当时仅有一座建筑，即王宫。这里原有一个铁器时代早期的大型木构茅舍遗址，在此之上又有一座 5 世纪建成的、带有两个前厅的大厅残迹。与此毗邻的是一个院子，院内有一口水井，四周建有围墙，均由方石砌成（至少在底下几层）。由此，我们从微观上可以管窥到未来罗马建筑的诞生。

罗马起初只是局促一隅、地位低下的孤立地区，被排斥在同时代地中海文化的主流发展之外。到公元前 338 年拉丁同盟战争胜利结束之后，罗马成为意大利中西部富足地区的主宰者。战争的直接结果之一是拓宽了疆域，罗马得以与坎帕尼亚（Campania）以及意大利南部的希腊城市直接接壤。另一结果是确立了军事殖民地的新尺度和意义。军事殖民地是罗马在控制和同化不断扩大的领土时最有成效的策略之一。早期军事殖民地的建立本来就可能很少驱逐城镇原有居民并取而代之，而与此同时在公元前 338 年之后，许多殖民地是在了无人烟的地方建置的。这本身肯定会促使人们重新考虑，应该建一座什么样的城镇，城中的公共机构应该放在什么样的建筑之中。

事实上，只有从这些新建的殖民地而不是罗马本城，我们才可以获悉这一关键阶段中罗马建筑形式发展的一些情况。几乎毫无例外，早期的罗马建筑只是些令人敬仰的名称，实体不是被埋在地下，就是被后来的建造工匠清除了。只是在一些殖民地——尤其是在奥斯蒂亚（Ostia，建于公元前 4 世纪末）、阿尔巴富森斯（Alba Fucens，公元前 303 年）、科萨（Cosa，公元前 273 年）——考古发掘揭示了一些按罗马形制建造的建筑实例。尤其是科萨在这方面颇有价值，不仅因其发掘的规模和质量，而且因为该城是在完成使命之后，在没有人为干涉的情况下自然衰落的，很少重新翻建，而翻建往往就会湮没了共和国时期的建筑。城中的街道布局虽然不是盲目模仿，但完全源自意大利南部的希腊殖民地。精致的多角石墙体是意大利中部的既有传统，而建筑已经是特色鲜明的罗马风格。城中的建筑包括：附属着两座庙宇的城堡，其中较大者献祭给卡皮多利诺山三位一体神（Capitoline triad）①；一个狭长的矩形广场，其中有向广场敞开的圆形集会场和元老院、一对庙宇、几间公共办公用房、一座巴西利卡和入口处的一个凯旋门；星罗棋布的蓄水池，镇

上生活完全依赖搜集和贮藏雨水；市民的住宅。所有这些建筑决不是与科萨建城时期建造的，但这些建筑都是城市建设者们心中构想的。以后的章节里我们还要讨论这里的几座建筑。

从共和国晚期的复杂政治历史中，我们可以梳理出两大系列事件，这些事件对罗马建筑的后续发展起到了决定性作用。其一是罗马人跨过亚平宁山脉的北伐，并在塞纳加利卡 [Sena Gallica，即塞尼加利亚（Senigallia），公元前 289—前 283 年]、阿里米努姆 [Ariminum，现里米尼（Rimini），公元前 268 年]、普拉琴蒂亚 [Placentia，今皮亚琴察（Piacenza），公元前 268 年] 和克雷莫纳（Cremona，公元前 218 年）建立了军事殖民地。波河河谷（Po Valley）地区能在公元前 1 世纪中叶加入意大利，正是合于情理的发展。正是在意大利北部，罗马才开始严肃地解决这样的问题，即在以前未能稳定控制的地区建立城市形态的地中海式文明。这些公元前 2 世纪到公元前 1 世纪的殖民地和城市是一个繁育场，罗马从中发展出了城市模式和城市建筑的标准化形制，这种形制在奥古斯都及其后继者统治时期有效地促进了罗马西部的城市化进程。但这些都是后话，将在以后的章节中继续讨论。进一步说，不管发源地有多么偏远，这些发展背后的创造力，几乎都要无一例外地通过罗马城本身，通过政治和社会体系机制，而罗马正是当时这一体系无可争议的中心。

最有直接意义的是罗马向意大利南部的顽强进军。南征的两个阶段是公元前 272 年挫败塔林敦 [Tarentum，今塔兰托（Taranto）] 和公元前 241 年吞并西西里（Sicily）。此后在公元前 2 世纪上半叶，罗马对希腊和小亚细亚的军事干涉日益增多，从对马其顿（Macedonia）腓力五世（Philip V）的战争开始，最终以洗劫科林斯（Corinth）、吞并马其顿和阿哈伊亚（Achaea，公元前 146 年），以及数年后亚细亚行省的成立而达到高潮。

坎帕尼亚、西西里和意大利南部地区与北部地区的情况大相径庭。

---

① 即朱庇特、朱诺和密涅瓦。——译者注

图 9 科萨（伊特鲁里亚），公元前 2
世纪时广场东北角的立面图和
平面图［经布朗教授（Prof.
Brown）和罗马美国学会
（American Acadimy in Rome）
惠允发表］
图 10 罗马，卡尤斯·切斯蒂乌斯金
字塔，约公元前 18—前 12 年

这些地方虽地处偏远，却是当时希腊
化地区不可分割的一部分。在希腊
化地区的很多地方，尤其是坎帕尼亚，希腊定居者长久以来被迫在政治
上和社会生活中对意大利本地居民妥协让步。但是在文化上，这些地区
仍保持为希腊的一部分。公元前 273 年，也就是在伊特鲁里亚建立科萨
之时，罗马也在帕埃斯图姆（Paestum）建立了一个军事殖民地［帕埃
斯图姆是希腊的前殖民地波塞东尼亚（Poseidonia），在过去 150 年中一
直是本土的卢卡尼亚人统治］，新定居者们发现他们常常面临着伟大的
希腊建筑和希腊手工艺传统。其中有一些宏伟的多立克式神庙（Doric
temples）得以留存并位居现存杰出古典建筑遗迹之列（但这并不是因
为它们与众不同，而仅仅是因为幸运地得到了保护）。然而，这并不意
味着新定居者失去了自己的文化特质，他们是罗马的前哨，除帕埃斯图
姆的广场之外，还有两处遗迹成为罗马风俗习惯持久生命力的生动写
照：一处是圆形集会场，与科萨的相同，显然是一种罗马类型；另一处
是座庙宇，台基（podium）只能从正面的踏步登上，台基上是一个深
深的门廊（porch）和后墙横跨台基的圣堂（cella）——这些均为伊特
鲁里亚—罗马风格（Etrusco-Roman Style）的特征。但是，直接接触
到希腊文化中活生生的事物，不可能不刺激着希腊人、罗马人和卢卡尼
亚人等。且不说罗马本地和拉丁姆地区建筑上的反响，坎帕尼亚现已发
展成了共和国晚期创造性建筑的主要中心之一，一些典型的罗马建筑
类型都肇始于此，包括圆形剧场（amphitheater）、罗马式剧场
（theather）、内围廊式天井住宅（atrium-peristyle house），当然还有罗
马浴场（Roman baths）、市场建筑（Market building）和巴西利卡（basili-
ca）。

如果说对意大利南部的征服飘摇不定的话，那么对希腊本土的征
服也同样不稳。公元前 212 年对叙拉古（Syracuse）的占领和洗劫导致
了新艺术趣味的形成。叙拉古曾是希腊地区最富庶的城市之一。征服者
马尔切卢斯（Marcellus）为粉饰胜利从中夺得了一批绘画和雕塑作品，
这是罗马首次向成熟的古典和希腊化艺术大规模敞开大门。其后不到
20 年，公元前 194 年，弗拉米纽斯（Flaminius）的决定性胜利标志着
对马其顿腓力五世战争的结束；紧接着，罗马相继征服了小亚细亚的大
部分地区，公元前 146 年洗劫了科林斯（如上所述），成为整个希腊大
陆的宗主国。金银财宝、雕塑绘画潮水般涌入罗马，使罗马无人能够无

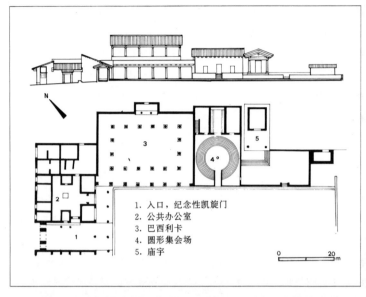

1. 入口，纪念性凯旋门
2. 公共办公室
3. 巴西利卡
4. 圆形集会场
5. 庙宇

0   20 m

动于衷。至共和国末期，像加图（Cato）似的道德严谨的传统主义者（puritanical traditionalist），人数众多，说话很有权威，对公众的意见有强烈的强制性影响；而在另一个极端则有热情的亲希腊者，如西庇阿（Scipio Aemilianus）①，他是希腊历史学家波里比阿（Polybius）的朋友和赞助者，对他来说，文学、哲学和希腊艺术打开了一个经验的新天地。在这两者之间是或多或少受过教育的芸芸公众，他们常常被迫面对着更为古老、丰富、成熟的文化。

罗马首次向希腊艺术戏剧性敞开的过程，不仅在很大程度上帮助解释了罗马艺术后续发展的原因，而且可解释当时的罗马人以及后来的批评者所持有的异常偏见（这对我们自己的理解也至关重要）。文艺复兴以后，许多关于罗马艺术的观点必然源自维特鲁威（Vitruvius）和普利尼（Pliny）等作者的判断，而他们二人也会囿于传承下来的偏见和成见。这些偏见和成见正是在公元前2世纪形成的。一方面，这里将希腊艺术成就的品质和内在特性解释得眼花缭乱；另一方面，这也是一个民族在罗马人铺天盖地的军事和政治强权下能做到的。这种智慧避开了表面上不可靠的人才，难道不也是一种明智之举吗？甚至在一百年后，渊博、敏锐的希腊艺术鉴赏家奇切罗（Cicero）仍感到很容易得出这样的结论，即艺术在某种程度上与罗马人的趣味尺度并不一致。但是，也不能忽略这样一些事实：在罗马的各处庙宇中，取自希腊的雕像取代了古老的木雕像或陶像；凯旋的将军们开始为保存劫掠来的艺术品而兴建库房〔如梅泰利库房（Porticus Metelli），公元前146年〕；罗马富人的住宅里炫耀着日益丰富的绘画、挂饰品、雕塑，以及盛在金银器皿中的珍馐佳肴——所有这些都来自希腊，且价值连城，正如所有罗马人都能理解的那样。审美偏好、社会时尚、了解程度（familarity）、商品意识，甚至对道德严谨者反应的驳斥，都有一个共同点，那就是将艺术视作典型的希腊创造物。

罗马艺术一直没有从由此造成的文化震荡中恢复过来。正如我们将要看到的，同画家和雕塑家比较起来，建筑师在积极应对这一形势时处于更为有利的地位，然而，即使是他们也感到很难放弃希腊权威艺术中的某些基本假定。直到古代晚期，传统希腊柱式仍是罗马纪念性建筑中某种实质性的必要条件。此外，在公元前13年，和平祭坛（Ara Pacis②）开始兴建，在一系列为展示政治性装饰主题而兴建的建筑中这是第一座，其内容和象征意义就像设计传达的那样很有罗马特色，但其艺术形式则直接借鉴希腊，而且雕刻者也是来自雅典工匠。两个世纪以后，现已装饰在君士坦丁凯旋门（Arch of Constantine）女儿墙上的国家浮雕〔取自纪念马可·奥里略（Marcus Aurelius）③的建筑〕，其雕刻者仍是一脉相承——虽然造诣非凡，按既有惯例也卓有成效，但从艺术上说，却像伦敦阿尔伯特纪念碑（Albert Memorial）上的浮雕一样毫无意义。在罗马，第一个摆脱了希腊保守趣味的主要国家雕塑，是建于公元112年图拉真纪功柱（Column of Trajan）。

在某些领域中（需要强调，纪念性雕塑是其中之一），这种态度的结果简直是灾难性的。罗马拥有前所未有的财富，有一个不断壮大的艺术赞助者组成的圈子，然而，富有的赞助者们需要的装饰品却是希腊艺术〔韦雷斯（Verres）是公元前73—前71年西西里的总督，他的事迹可说明一个人为得到希腊装饰会付出多大代价〕。既然希腊天才的雕塑作品并非取之不尽，于是以雅典为主要基地，很快出现了一项红火的贸易，这就是或粗或精地复制希腊艺术杰作出售。这些新雅典（Neo-Attic）作品回复到了早已过时的式样和形制，这一事实自身不会有多么重要，因为这种怀旧情绪决不必然就是贫乏的艺术现象（毕竟正是这些工匠的后代在公元2—3世纪制作了系列的希腊石棺，这些石棺是罗马地区制作的最富吸引力的小雕塑）。真正重要的是，这些新希腊作坊的产品折衷混合了各种式样，在美学上并不协调，仅仅是为了满足一代新生的富有中产阶级收藏家，正如维多利亚时代画室中均匀散布的家具和古玩一样。他们忠心服务的公众似乎根本没有风格的知识。古风的、古典的和希腊化的艺术复制品和改制品以及古典化的摹制品一起竞相争艳，今天在欧美古代雕塑馆里仍可见到，其数量繁多，真伪难辨，嘲弄着今人。为了重新发现自发的创造性源泉，意大利本土的艺术家不得不在外来传统的重压下奋力拼争。外来传统掌握了所有技术，但长久

① 西庇阿（公元前185—前129年），罗马名将、政治家和文学家。——译者注
② 帕奇斯（Pacis），和平女神。——译者注
③ 马可·奥里略（公元121—180年），罗马皇帝，在位时间为公元161—180年。——译者注

图 11　格兰努姆（圣雷米—普罗旺斯），尤利纪念碑

图 12　罗马，博阿留姆广场上的圆庙（所谓的韦斯太庙），公元前 1 世纪上半叶

以来却已失去了艺术灵魂。

虽然较之绘画和雕塑，建筑对这种压力的抵制更为有利，但也有一些例外。在埃及工作的罗马人卡尤斯·切斯蒂乌斯（Caius Cestius）就在罗马为自己建造了埃及金字塔式的坟墓。稍早，在圣雷米—普罗旺斯 [Saint-Rémy-de-Provence，古称格兰努姆（Glanum）] 的尤利纪念碑（Monument of the Jullii）是按东闪米特的希腊化塔式墓（tower-tomb）改造而成。有人甚至将工匠和材料带到罗马，惟妙惟肖地仿建希腊建筑，如公元前 1 世纪上半叶在博阿留姆广场（Forum Boarium）建造的圆庙（Round Temple）。但是，像这样的直接仿建并不常见。大多数的"学园"、陈列室和运动场，在共和晚期亲希腊者别墅中为数众多（系为收藏房主所集希腊雕塑而设计），与其说是实际希腊建筑的直接模仿，不如说是建筑上的奇想和对建筑形式自由的文学想像。我们发现，哈德良（Hadrian）在他位于蒂沃利（古称蒂布尔）的别墅中回到了这一模式。例如，卡诺普斯（Canopus）以其规整的湖面和埃及化的雕塑 [与雅典伊瑞克提翁神庙（Erechtheum）女像柱的复制品并置] 让人联想到、而不是直接模仿了亚历山大附近以亚历山大（Alexandria）命名的圣所。

意大利建筑传统中更为重要的本质内容是：形制和风格可能反映了外来的影响，但从建筑实践的整体来看却并非如此。罗马建筑以勤劳、务实的古老手工艺传统为基础，这一传统总是乐于吸收或直接模仿新的建筑形式，但是在方法和材料方面却从根本上抵制了对希腊艺术的大量抄袭，而罗马的雕塑家和画家就屈从了。

在这种情况下，对共和国晚期的建筑发展来说，罗马人的南征与单纯的征服希腊相比，历史意义更为巨大。正是在坎帕尼亚，最早形成了人们熟知的很多罗马晚期的建筑类型，如剧场和圆形剧场。在罗马，用永久材料建造公共娱乐性建筑长期以来受到传统卫道士的阻挠。罗马第一个永久性剧场是庞培剧场（Pompey Theater），建于公元前 55 年，与庞培城改建罗马式剧场及其相邻的小型覆顶剧场（Covered Theater）相比，至少晚了 20 年。同一时期的庞培圆形剧场是另一座砖石结构的建筑。尽管这些形制来自意大利中部，那里具有用木材建造圆

形剧场的悠久传统，罗马直到公元前 29 年的斯塔蒂柳斯·陶尼斯圆形
剧场（Amphitheater of Statilius Taunis）的建造，仍然满足于上用木结
构、下为石基础的建筑。直到大角斗场（公元 71—80 年），罗马才拥有
了自己的永久性圆形剧场。

　　罗马剧场和圆形剧场的沿革在某种程度上无疑属于特例。然而，还
是在坎帕尼亚，人们熟知的其他罗马建筑类型也首次出现。这些类型包
括罗马浴场，其形成可能与利用密布在波佐利—巴亚地区（Pozzuoli-
Baia）的火山温泉有关；还有市场建筑，特征是在柱廊围合的空间中央
耸立着圆亭子；还可能有巴西利卡。其中以巴西利卡特别有启发意义。

　　巴西利卡源于希腊语 βασωλικη，不管其确切含义如何，肯定包含了
希腊的语源成分。在这一名称下的建筑形式——两侧或更多的柱廊围
绕着高耸的中殿——可能形成于坎帕尼亚。该地区现存最早的实例在
庞培城，仅稍晚于在罗马的实例，而罗马的最早实例建于公元前 184—
前 170 年间，位于罗马努姆广场旁边。虽然巴西利卡的基本构思可能取
自讲希腊语的意大利南部，但也不是毫无批判的采纳。建筑的长轴转了
90°，正立面用列柱打破墙面的单调，整个建筑实际上成为具有悠久传统
的意大利设施即广场的延续，只不过覆盖了屋顶。正是在这种改造后
的罗马式样中，巴西利卡才得以通过意大利中部和西部［科萨、阿尔代
亚（Ardea）、阿尔巴富森斯、萨埃皮努姆（Saepinum）、赫尔多尼亚埃
（Herdoniae）、韦莱亚（Velleia）］迅速传播，成为罗马帝国时期的一种
标准建筑类型——不仅限于意大利，而且遍及西部诸省。

　　取他山之石并在必要时加以改造，这种虚怀若谷的态度为共和国
过去两个世纪中罗马建筑工匠节省了不少气力。有些变革可以在表面
上没有或很少改动的情况下接受下来。这方面的例子有内围廊式天井
住宅，这已成为罗马富人别墅的特征。或者萨莫奈人统治下的庞培
（Samnite Pompii）发展出的爱奥尼柱头，从塔兰托到阿奎莱亚
（Aquileia）均无太大变化。但是，在多数情况下，这是一个必要的相互
吸收的过程。例如，在形式上，科里的多立克式海格利斯庙（Temple
of Hercules）本质上仍是古老的意大利形式，庙宇建在一个带有线脚的
台基上，只能从正前方的台阶（现已缺失）经带山花的柱廊进入。但是，

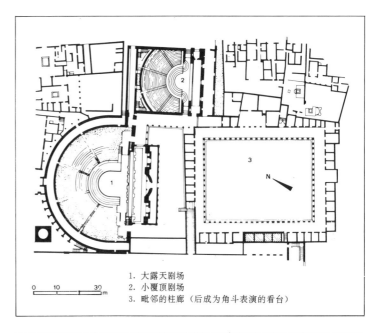

1. 大露天剧场
2. 小覆顶剧场
3. 毗邻的柱廊（后成为角斗表演的看台）

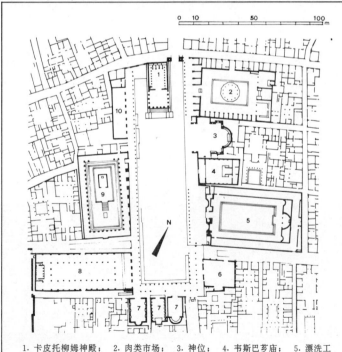

1. 卡皮托柳姆神殿；　2. 肉类市场；　3. 神位；　4. 韦斯巴芗庙；　5. 漂洗工行会中心。6. 选举会场；　7. 城市办公地点；　8. 巴西利卡；　9. 阿波罗庙；10. 蔬菜市场

原来的木构架改为当地的石灰石结构（早期用面层抹灰），意大利形制中低矮伸展的形象，演化成前几代人可能无法想像的优美比例。在年代相同或稍晚的罗马博阿留姆广场长方庙（Rectangular Temple）中，我们可以看到罗马城也发生了同样的变化。变化主要在于，长方庙采用的是爱奥尼柱式，所用材料是表面抹灰的石灰华或凝灰岩，与罗马同时代的建筑相同。意大利和希腊因素的融合就此完成。当时的希腊人可能会觉得这一结果离奇而又偏狭，这是因为这个结果以当地建筑做法反映了当地的需要。

就像历史的状况是多方面作用的结果，这种新兴的罗马—希腊化式建筑也是一个复杂的现象。在详细探讨罗马共和国晚期少数建筑实例及其环境之外，单独找出织成整个大图案的单根线丝会更有帮助。其中有一条就是赋予这种传统意大利式建筑，即坐于台基上的前向式（foreward-facing）[1]神庙以新生命。我们已匆匆看过一些实例，而且还会看到更多。正是对这种建筑外在形式和希腊柱式比例的重新诠释，罗马建筑才能在与成熟的、但却是外来的形制竞争中获胜，从而也保证并容忍了意大利对晚期罗马建筑形式语言的贡献。

为满足迅速变化的社会中日益复杂的需求，新型建筑的应运而生，成为这一时期的另一特点。这几乎涉及生活的方方面面，包括公共的和个人的。罗马广场就是很好的例子。如上所述，像此前的希腊广场（ago-ra）一样，罗马广场最初形成时是一种多功能的开敞空间，交替地被当作社区中顶礼膜拜的设施、政治或军事集会场所、露天法庭或者市场。还可以当作公共娱乐场所，如罗马努姆广场的角斗表演就一直持续到共和时期的结束。其他地区可能很早就开始有公共建筑或露天场地，如城堡和部分庙宇，或者城门附近定期开市的牲畜市场。而就是在公元前2世纪，作为罗马在希腊化地区政治上和经济上崛起的结果，这个专门化和分散化的过程进入了新阶段。这就是围绕在广场开敞空间周围的巴西利卡、元老院、公众集会场成为独立的建筑类型，接着是其他一些专用公共建筑如档案馆和选举会场的出现。在广场周围或其他地方开

① 这里当指意大利神庙中只在正面设门、只能从正面进入的特征。——
译者注

图 19　罗马，罗马努姆广场一角，可
　　　见到档案保管所、萨特恩庙、
　　　韦斯巴芗庙和塞维鲁凯旋门

始出现市场建筑、带有柱廊的商店和办公室以及仓库。罗马的示范作用走到哪里，军事殖民地和意大利行省城市中的规划师和建筑师就很快跟到哪里。这正是许多罗马晚期常见建筑类型获得权威的时刻，这一权威后来使这些建筑类型遍及地中海的大部分地区。

归根结底，最重要的是这些建筑成为后来的一种革命性建筑材料的实验场，这种材料就是罗马混凝土。本书将在后面的章节详细展开这一话题。这里我们只需提到，罗马混凝土大致是工匠在日常工作中偶然发展出来的，它省时省力，成本低廉，可替代意大利中部已有的传统建筑材料。工匠们发现，与采用其他材料相比，混凝土可以用各种形式简单的拱顶代替老式的木结构平顶，而若在拱券结构中使用料石则既笨重又昂贵。正如我们将要看到的，罗马建筑后来的历史中有很多现象都源自这个基本的发现。不过，在早期阶段，所有证据都表明，正是新材料施工简便、成本相对低廉的特点，而不是建筑形式创新的可能性，使建筑师产生了兴趣。但是，与这些建筑实践同时发生的仍然有某些形式上的变化，其中有两点对后来的发展具有重要意义：一是越来越多地使用拱券来代替标准希腊式的水平额枋或过梁；二是正在兴起的一种将希腊柱式作为立面装饰要素的趋势，其中柱式有时表达、有时又不表达其底部结构的构造逻辑。

罗马人并没有发明拱或者筒拱。这两者在古代东方的砖结构建筑中都有着悠久的历史。拱券在构造上很适于东方的建筑结构，这种结构在亚述和巴比伦的宫殿立面以及城门中都得到了有意义的表现。不管类似的建筑能否在波斯帝国的西部份中看到，古代希腊建筑师对严谨的直线传统紧抓不放，无疑是精心选择的结果而不是在不经意间进行的，这一传统的整体视觉效果依赖于水平和垂直构件的对比。

尽管如此，从公元前 4 世纪起，拱和筒拱不断渗透到希腊建筑工匠的知识积累中——起初主要用于不考虑视觉效果的场合，如卡里亚（Caria）地区阿林达（Alinda）的剧场的底部结构、帕加马（Pergamon）健身房的大台阶，但不久以后就用于纪念性建筑。并非偶然的是，城门似乎成了后一类建筑中的领头羊。这里，出于强烈的务实性考虑，可能源于东方的影响受到欢迎。对一座门来说首要的是坚固，

而大型石拱从自身特点来说，比相同跨度的水平过梁更稳固。至公元前4 世纪，凯旋门在希腊本土和意大利南部得到了普及。比如在阿卡尔纳尼亚（Acarnania）的奥伊尼亚迪亚（Oiniadia）（细致的多角石砌体在该地可能早在公元前 5 世纪就已出现），或者最近在卢卡尼亚（Lucania）的伊利亚［Elia，今韦利亚（Velia）］出土的罗萨门（Porta Rosa）。在意大利中部，这种凯旋门直到公元前 3 世纪才得到一定普及：在科萨已是公元前 273 年，在法莱里诺维（Falerii Novi）是公元前 241 年之后不久，而佩鲁贾（Perugia）的两个值得注意的凯旋门则更晚。

纪念性凯旋门的观念传到意大利中部的准确路线可能颇有争议，但可以肯定的是，凯旋门一经出现便深深扎下根来。佩鲁贾那样的凯旋门是意大利北部共和国本土及殖民地的样板，并通过北部地区成为意大利及各行省无数后来城市凯旋门的样板。马尔齐亚门（Porta Marzia）拱券之上带栏杆装饰的柱廊，以及拱肩上的头像，是维罗纳（Verona）第一座莱奥尼门（Porta dei Leoni）和里米尼的奥古斯都凯旋门（公元前 27 年）的先声。另一个特征是拱顶石上的或拱顶石上部的头像，见于此处以及沃尔泰拉（Volterra）和新法莱里，这在早期皇家建筑中能找到相似的处理，如维罗纳的剧场和普罗旺斯（Provence）尼姆的德奥古斯特门（Porte d' Auguste，公元前 16 年）。

随着纪念性拱门成为一种独立的建筑形式，我们开始发现了拱的另一用途，尽管这种手法缺少戏剧性，但自身的意义却更为深远，这就是用拱取代传统希腊柱式的矩形开间。有节奏地展开一系列拱或拱形开间，在今天是司空见惯的建筑设计，以致我们会很难体会到，对于习惯于横竖对比构图的希腊建筑师来说，这会有多么怪异。然而需要重申的是，我们并不能将后来的革命性建筑构图归功于那些不关心形式变革、仅关心如何更经济实用地驾驭材料的工匠。

对混凝土拱顶曲线形式的不断熟悉本身，肯定是消除对希腊解决方案偏见的一个因素。当人们在新型公共建筑外墙上放弃了木材之时，拱券为由此引出的构造问题提供了一个简单的答案。只有在强度能承受柱间荷载的石材可保证供应时，水平过梁才是可行的。大理石或品质相同的其他石料在希腊大部分地区尚能采到，但在希腊化地区的许多

地方就不行了。对此，一种解决办法是用木材制作额枋，表面抹灰作伪。另一种曾广泛用于罗马时代的方法，是采用类似于"平拱"的做法以使荷载重新分布，例如庞培广场柱廊上的处理。第三种方法是加粗竖向构件，缩小柱间跨度，这在希腊化地区的建筑师中受到广泛青睐，用于剧场的舞台［如普林（Priene）的剧场］和陵墓的正立面［如亚历山大墓、库瑞涅（Cyrene）墓］等类似的场合。柱子变成了矩形的扶壁，半埋在墙中；柱间变成大的矩形开间，在效果上类似不连续的屏风墙。

从第三种方法出发，只是朝着以拱代替矩形开间方向迈出的很小一步。事后，人们不免要强调其中的新因素。建筑师明确地接受了拱券，将它看作视觉语言的一部分，这对后来的发展的确意义深远。但在当时，人们肯定将其视作希腊化建筑中长期存在一个明显趋势的迹象——有些大胆但很讲构造逻辑——希腊柱式正因此失去其独有的结构作用而改为各种完全的或局部的装饰作用。

在此方向上的第一步在公元前 5 世纪时就已迈出，体现在巴塞和泰贾庙（Temples of Bassae and Tegea）内部隔离的密室中。公元前 4 世纪以后，人们越来越愿意采用附墙的半柱式直接作为一种装饰手法，模仿真实建筑的外部形式而不是其内在本质。在米利都集会所（Bouleuterion）外立面上的半柱，与博阿留姆广场长方庙侧翼柱廊的柱式母题如出一辙。共和国时期的罗马建筑只是吸收了希腊化建筑的一般特点而已。

罗马的独特贡献是将这种对希腊柱式肤浅的、纯装饰性的运用与拱券结合起来。正是拱券而不是柱式给建筑加上了结构逻辑，而柱式受到削弱也只是个时间问题。值得注意的是，几个世纪以来，传统的权威仍然很大，在诸如档案保管所（Tabularium）、尤利亚巴西利卡（Basilica Julia）、马尔奇卢斯剧场（Theater of Marcellus）和大角斗场这样的公共建筑中仍占有一席之地，这些建筑成为罗马建筑的标准模式之一。

在现存的共和国时期的建筑中，哪些是最重要的呢？其中的精品当然是拉丁姆地区的三处圣所：一是普拉埃内斯特（帕莱斯特里纳）的福尔图娜圣所，该处建筑在公元前 2 世纪下半叶至 1 世纪初叶前后建成；

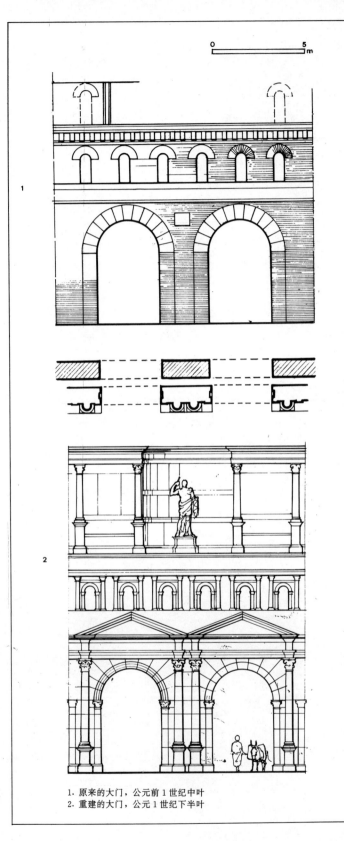

图 23　维罗纳，莱奥尼门立面和平面
（引自 Kähler，1935 年）

二是泰拉奇纳（Terracina）的朱庇特庙（Temple of Jupiter Anxur），可能重建于公元前 80 年之后不久；三是蒂布尔（蒂沃利）的海格利斯庙（Temple of Hercules Victor），公元前 1 世纪中叶仍在建造。三组建筑都各具特色，均不同凡响，一起传达了一种巨大的建筑潜力，公元前3—前 2 世纪的政治事件激发了这些潜力。

　　朱庇特庙位于一个控制着方圆几英里海岸的岩石海角上，其成功之处很大程度上要归于其壮观的基地环境。庙宇的设计者很善于利用这一自然优势，他将细节简化，这与庄严朴素的基本观念相符。庙宇关涉到其附近区域（这在各时期罗马建筑中都是罕见的），这一古怪特点无疑是从其前身即一个拉丁圣地的布局中继承而来。尽管建筑师还不可能当时就意识到，在这里建庙也强化了从城镇里看到的庙宇景观，以及在由罗马到此的阿比亚大道（Via Appia）上看到的景观。庙宇的高大月台一直将庙宇圣区伸向海角边缘，建筑师的主要成就正在于此。月台完全用砂浆碎石筑成，面层包砌不规则小块石灰石，转角处则用相同石质的料石。为支撑台基并同时形成一定尺度并强调其突出地位，建筑师在外周加了一圈扶壁拱廊，拱廊由 12 个大而朴拙的筒拱凹室组成，凹室的开口方向垂直于内部的筒拱廊道并通过小的拱形开口相互联系沟通。而每个拱券正面起拱处的线脚便是仅有的装饰。

　　虽然内廊便于贮存庙宇的设施，但底部结构的主要功能显然是支撑上部的平台。而在早期的共和国建筑中，巨大的平台只能靠惰性土来填充，如阿拉特里或塞尼的卡皮托柳姆神殿（Capitolium）。而向前迈出的第一步，是在月台中嵌入拱券结构同时又不在本质上改变其外观，如同费伦蒂努姆卫城中类似棱堡的突出物上的处理。现在，由于在处理混凝土新材料方面不断发展的精湛技巧，这一变革可以得到合乎逻辑的结果，即用建筑外观直接表达了材料内在的结构形式。人们由此看到了一种新的功能美学的出现。虽然这不是第一次采用普通的拱廊立面——泰拉奇纳的所谓小庙（Small Temple）肯定采用得更早，而罗马的桥梁工匠早在普拉埃内斯蒂纳大道（Via Praenestina）的诺纳桥（Ponte di Nona）中就已经使用了多拱桥技术——但是，在宗教纪念性建筑中，罗马建筑师或许会深感传统古典主义严谨的表面处理的约束。对新原理的大胆运用表明了其中一些成员走得多么远和多么快。

1. 原来的大门，公元前 1 世纪中叶
2. 重建的大门，公元 1 世纪下半叶

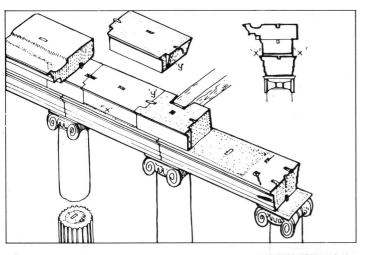

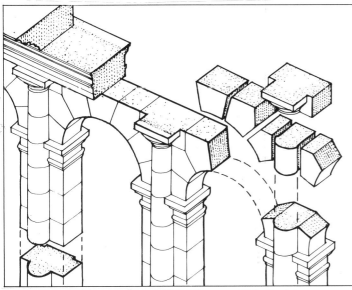

虽然蒂布尔的海格利斯庙年代稍晚，但规模更大，在很多方面表现得更为保守。正像人们预料到的，这里的许多迹象体现了相邻大城市普拉埃内斯特的影响，其中包括建造技术、拱顶结构精细的节点处理以及门前的坡道。但如果不考虑尺度、基地和比例上的差异，平面中的因素——讲究轴线、强调正面、三面围合的柱廊、庙前剧场式的半圆大台阶——几乎直接来自古老的拉丁传统，在现存实例中，这一传统以加比（Gabii）的圣所较为典型。用当代术语来说，皮拉内西（Piranesi）绘制的台阶北翼视图，与泰拉奇纳的神庙中庄严简朴的月台形成惊人而有启发意义的对比：一行高大的石砌扶壁，其支撑形式与希腊化的帕加马剧场舞台部分相同；上层为拱券，庄严得体地套在半柱和附墙柱式挑出的檐部之间。有人认为，这是一个发展中的传统，建筑师个人的选择余地很大。

在规模和设计观念上，普拉埃内斯特的福尔图纳圣所是给人印象最深的古代建筑之一。这组建筑沿陡峭的山崖层层而建，包括两大组群：山脚下所谓的圣区（area sacra）以及上部大片的平台组群，其中最高处是巴尔贝里尼宫（Palazzo Barberini）的半圆形结构。下部组群的中层似乎曾有一个横向大柱厅，立面是叠柱廊，上为科林斯、下为多立克。横向大厅的背面，从垂直的岩石表面可以看出，是一个奇特的内向屏风墙，墙面上，在柱式装饰的半柱之间有狭长的窗户和线脚丰富的披水。披水以上是个低矮的拱廊。中部的一端是神谕洞口，曾是古代拉丁圣地的核心。而另一端是一个朝外的、装饰丰富的半圆凹室，地面铺着华美的尼罗河马赛克（Nilotic mosaic），两侧向内是一对线脚丰富的柱基底石，每块基底石上原来有半附墙的爱奥尼柱式以及退进墙内的圣龛(这与所谓第二风格壁画中的错觉主义建筑画相符，是在实际三维建筑中找到的相对罕见的实例之一)。这里需要评述的地方很多，但我们只需强调一点，这就是从内到外众多细部中的巴洛克特征。这里"巴洛克"的含义是：常见的古典要素被重新分离、组合，这种做法几乎与传统古典主义的比例无关，也与附着的结构了无相涉。

普拉埃内斯特圣所的上部组群是建筑师想像力自由驰骋之地，这里不能用语言做简单分析。我们看到了令人迷惑的组合体，台基和柱廊、坡道和台阶、山墙和列柱立面、屏风墙和半埋的柱式、圆亭子和半

图 27　泰拉奇纳，朱庇特庙，平台的
　　　　柱廊立面
图 28　泰拉奇纳，朱庇特庙，沟通平
　　　　台立面拱洞的走廊

圆形凹进、对拱券既节制而又突出的运用（以强调设计中的关键因素）——所有这些都关系中轴线对称布置。游览者尽管不会忘记对称性，但这种方式使他们在向上移动时，能够以前后相继、次序井然的方式，一个台基接一个台基、一个组群接一个组群地体验到组群的整体。在这个方面，圣所令人吃惊地成为罗马晚期规划的先声。要素顺次递进地展现在游者面前，不稳定地平衡于意料之中和意料之外之间。无此，许多后来的伟大建筑就会失去意义，包括罗马城的大皇家浴室或图拉真广场（Forum of Trajan），以及各行省的建筑群，如巴勒贝克（Baalbek）的大型朱庇特圣所（Sanctuary of Jupiter Heliopolitanus），或杰拉什（Gerasa）的阿尔忒弥斯圣所（Sanctuary of Artemis）。这种观念在希腊规划思想中极为生疏，比早期意大利做法中的简单轴线对称也高明了很多，所以，在希腊化的拉丁姆地区能够发现这种方式的成熟运用着实是惊人的。有人禁不住认为这反映了托勒密时期的埃及的影响，因为轴线在那里有着悠久的历史，但由于亚历山大的希腊化建筑已无可恢复地消失，这不过是一种理论上的猜测而已。

　　普拉埃内斯特这组建筑先后分别建于公元前 2 世纪中叶和稍晚于城市被毁的公元前 80 年之间。尽管有许多学术争议，但我们仍缺少确定其确切年代的依据。但超越这些争论的是，即使年代下限是正确的，就当时来说那些建筑的先进性仍是惊人的——在构图原理、精湛的构造技术、细部的质量方面都同样先进。虽然在科斯（Kos）的埃斯枯拉庇乌斯圣所（Sanctuary of Aesculapius）和罗德地区（Rhodes）林佐斯（Lindos）的雅典娜庙和卫城（Acropolis and Temple of Athena）这些希腊化建筑中，确实能够看到这种层层上升的台地处理先例，但它们都不能在规模上和整体复杂程度上与普拉埃内斯特的相比。后面的章节中回过来讨论建筑技术。对于细部，我们只需谈到半圆形的分格拱顶（这是有记载的第一个使用混凝土新材料的实例），对拱券有节制而又强调性的使用，以及上文所述的无数"巴洛克"因素。在这里的许多方面，建筑师们正在开辟着新天地。

　　相比较而言，罗马城中现存的共和国时期的建筑远没有那么大胆。我们的确缺少临时性剧场中富于幻想的建筑，这只能在文学作品和所谓第三风格壁画的建筑图中寻觅踪迹。这种类型直接来自希腊化时期

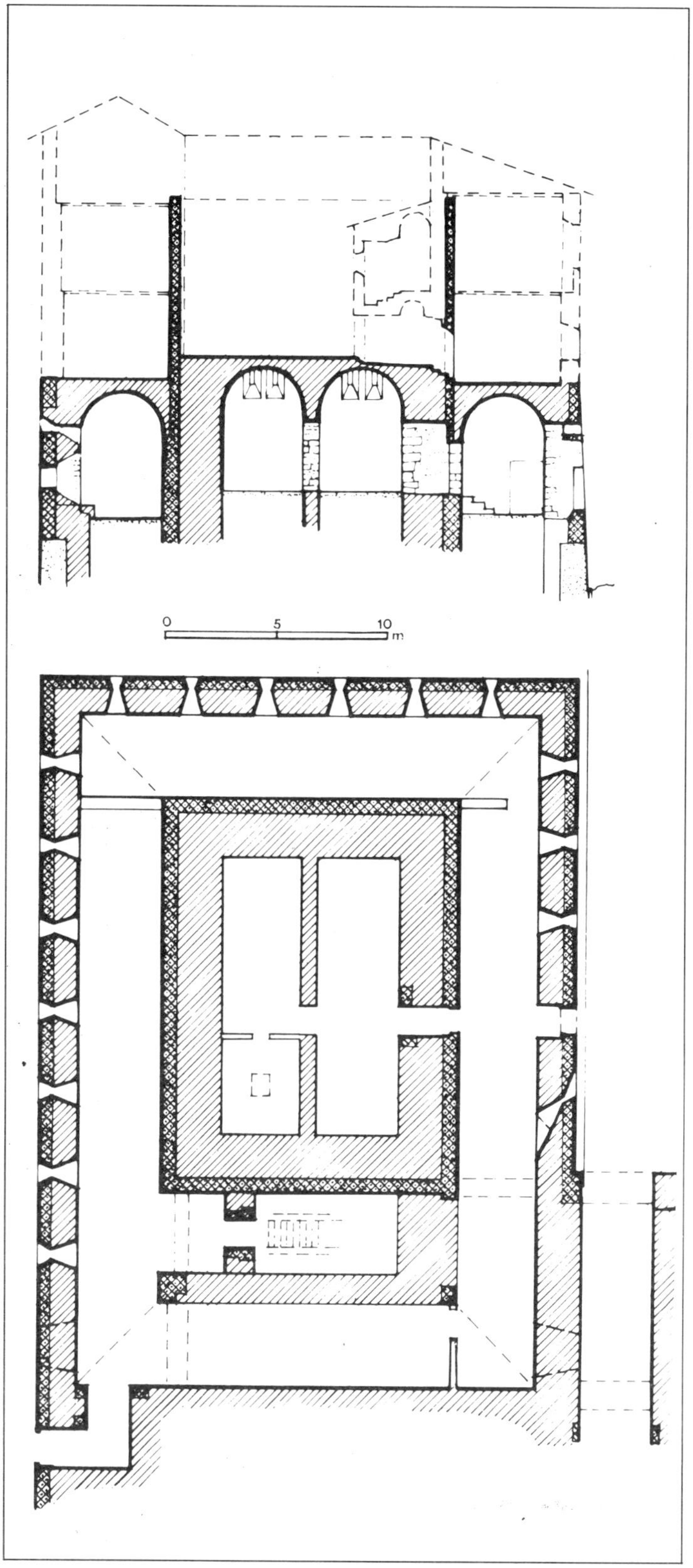

图 29　费伦蒂努姆（费伦蒂诺）卫城，
　　　　拱顶结构的剖面和平面

图 30　蒂布尔（蒂沃利），海格利斯
　　　　庙，复原轴测图（引自 Fasolo
　　　　and Gullini，1953 年）

图 31　阿梅利亚，石灰石的多角石城
　　　　墙砌体

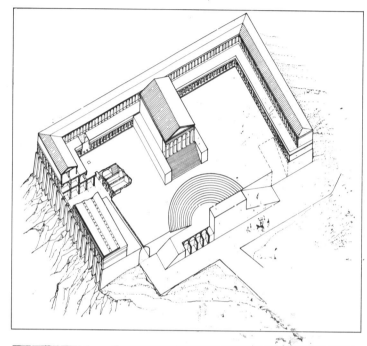

君王的宫廷，来自一种梦想的世界，这在托勒密四世（Ptolemy Ⅳ，公元前 221—前 205 年）的大型游艇中可以看到具体情景。这种作品的影响足以引起思想保守的维特鲁威的反对，但这也让我们思考，第一个在罗马建成的永久剧场即庞培剧场，吸收了这一精神中的多少东西。在这些共和国时期遗存至今的罗马建筑中，人们找不到在拉丁姆圣所中强烈体现出来的富于创造的冒险感觉。

产生这种保守态度的一个显而易见的原因是，城市的物质条件不适合于具有戏剧性的、舞台布景般的建筑。另一可能的原因是"罗马老人"少数派（"old Roman" minority）的影响，他们长久以来排斥危险的社会性变革，比如为公众娱乐而建造永久性建筑。建筑师们肯定感到了他们令人窒息的态度。再有一个原因是地方上使用的建筑材料——凝灰岩料石和新近出现的石灰华——跟不上建筑想像的翅膀，而普拉埃内斯特和蒂布尔的石灰石混凝土却非常合适，且能够激发创造力。在罗马也一样有变革的洪流，但进展总起来说是小心翼翼的。

所有罗马共和国世俗的公共建筑几尽消失，并为奥古斯都及其继承者后来的建筑所取代。我们今天主要是从文学作品和十分罕见的铸币上得知它们的情况。如由恺撒重建的议会厅即尤利亚元老院（Curia Julia）就遵循了维特鲁威记录下来的传统路线。埃米利亚巴西利卡（Basilica Emilia）在公元前 80—前 78 年重修后，也是柱廊包围着中央大厅的传统形式。

这一时期唯一遗存至今的重要公共建筑是档案保管所，建筑整体完全重建于公元前 78 年，是管理公共档案的办公地。这里一度曾有一些造景的余地，即将绕广场而建的古代及当时的凌乱建筑组群衬托在卡皮多利诺山崖的背景中。采用的方案虽然简单但给人印象深刻：底部是个凝灰岩包砌的混凝土大基座，其中嵌入一个纵向的拱廊走道，走道由简单的矩形开间采光，基座之上是两层石砌的柱廊。但下层柱廊及形成的立面仍在，用凝灰岩料石和攒尖的混凝土拱顶建成，正立面上仍存三个拱券，面向着广场。

像普拉埃内斯特和蒂布尔的一样，拱券（当然包括上层已毁部分）

图 35　蒂布尔（蒂沃利），海格利斯庙，庙宇平台的西北立面。皮拉内西的版画

图 36　加比，圣所平面

图 37　普拉埃内斯特（帕莱斯特里纳），福尔图纳圣所，复原轴测图

图 38　普拉埃内斯特（帕莱斯特里纳），福尔图纳圣所上部的模型

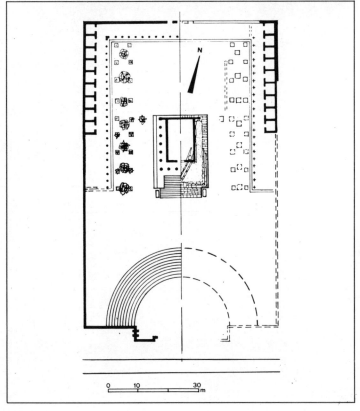

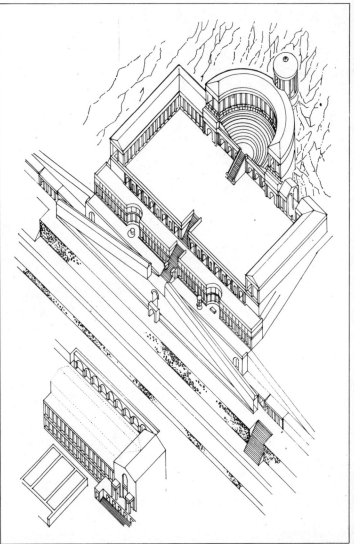

图 39 普拉埃内斯特，福尔图纳圣所
上部（从教堂的钟塔向上看）

图 40　普拉埃内斯特（帕莱斯特里纳），半圆柱廊细部和台地
图 41　普拉埃内斯特（帕莱斯特里纳），坡道（在古代，外侧有一个内向的柱廊）

图 42　普拉埃内斯特（帕莱斯特里纳），带拱顶的半圆部分的细部

得体地套在两个装饰性的半柱和檐部形成的柱式开间中。在罗马的中心区，重要的还是观察其传统特征。但是，就设计中表现出来的节制来说，这一建筑与拉丁姆地区的大圣所同根同源。

在多数社会里，宗教建筑是个名声不佳的保守领域，除上述圣所之外，罗马共和国早期建造了大量保守的建筑。随着东方神秘宗教的传播，也传来了全新的形式。在马焦雷门（Porta Maggiore）之外的地下巴西利卡，是变革趋势中出现较早的例子，建于公元 1 世纪中叶并很快被毁。一般来说，罗马喜好遵从传统路线，唯一对那个时代的妥协是吸收了当时的材料，调整了比例和面层的细部处理，以适应当时的意大利—希腊化品味。我们已经在晚期共和国的小庙宇博阿留姆广场的长方庙中看到，但对卡皮多利诺山上的国家庙宇朱庇特庙可以说也是一样。这座庙于公元前 83 年烧毁，重建于公元前 69 年，建造者是卡图卢斯（Q. Lutatius Catulus），即十年前档案保管所的建造者。平面沿袭了原有古老的形式，尽管竖向上没有达到建造者希望的高度，但比例却相当新颖；包括大理石柱的古典细部也是一样，该石柱是苏拉（Sulla）从雅典城中未完成的宙斯庙（Temple of Zeus Olympios）中取来的。

这里当然也有真正的变革。一是引入了周围廊式圆形庙宇，或多或少地直接模仿希腊的同类神庙。博阿留姆广场上建于公元前 1 世纪上半叶的神庙几乎仍是纯粹的希腊建筑，由希腊工匠用希腊材料建成。一座几乎同期的建筑，蒂尔（蒂沃利）的所谓维斯太庙，也模仿了类似的样板，但同时也作了改动以适应当地材料和当地所接受的希腊化的科林斯柱式。最值得注意的变化是圣堂的混凝土墙，以及用带线脚的低矮台基取代希腊做法中周圈的踏步（stepped surround）。拉尔戈阿尔真蒂纳（Largo Argentina）的庙宇 B（Temple B）虽年代稍早，但代表了对意大利传统的更大妥协，引入了带山花的前向式门廊（forward-facing pedimental porch）——按希腊标准简直是文理不通，但在一排意大利式平面的小庙环境中又几乎是必须的，并对后来的发展也具深远影响。这里虽有变化，但从更广的意义上说，只是逐渐地改变和谨慎地前进。

居住建筑在共和国上一世纪中也是一片生机勃勃的景象。苛求的

人也许会表达他们对富人穷奢极欲的不满，比如在公元前 100 年前后，雄辩家克拉苏（Lucius Crassus）在帕拉蒂诺的天井式住宅中用了 6 棵从伊米托斯山进口的大理石柱子。但是那些财富的存在是不容争议的，尽管有很多人真诚地崇尚勤劳节俭的传统美德，但大多数新生的富有阶层都急于挥霍。

造成的结果之一就是私人住宅的滥无节制。罗马这次在建筑上又不是领先者，富贵人家将城镇住宅建得舒适方便，极尽奢侈浮华之能事。但是，新兴的意大利—希腊化建筑呼唤空间，而这正是在罗马城中匮乏的商品。只有在乡村住宅、郊区别墅，以及在上个世纪共和国时期的拉丁姆和坎帕尼亚沿海地区，富人们才得以将其想像力发挥到极致。

在对共和国晚期居住建筑的讨论中，上面的事实必须铭记在心。虽然居住建筑在过去一直是争论的焦点（其中有许多是臆断的），但人们的兴趣多集中在一种特殊的类型：天井式住宅。这是庞培和赫尔库兰尼姆（Herculaneum）城里小康人家的标准住宅样式。既然这两个城市在这个方面是模仿了罗马城区的做法，那么天井式住宅就成为那个时代居住建筑的重要组成部分。但是切记，这只是大问题中的一个方面。

例如，到奥古斯都时期，天井式住宅至少已有三百年的历史，而且，当时的学者如瓦罗（Varro）和维特鲁威（Vitruvius）认为在某种意义上它滥殇于意大利，并很有可能源自伊特鲁里亚，是充分合理的。就天井式住宅本身来说，他们可能是对的。木结构屋顶的矩形大厅，沿长轴对称布置，并用屋顶中央的洞口采光通风：这是一种相当基本的居住类型，不需费力就能在石墓（rock-cut tomb）和古代伊特鲁里亚陶瓷模型中找到相似之处。但这种住宅当时却在罗塞莱（Rosellae）、阿夸罗萨[Acquua Rossa，维泰博（Viterbo）附近，公元 6 世纪罗马费伦蒂努姆城的前身，原为伊特鲁里亚人统治]以及 5 世纪马尔扎博托（Marzabot-to）的城市街区中消失了。在考古发掘使我们更清楚地了解到伊特鲁里亚和早期意大利的情况之前，天井住宅形式的早期发展问题也许只能交给考古学家了。建筑历史学家只能将其学术内容建立在确凿无疑的事实上，这就是在公元前 4、3 世纪之交，一种以天井为中心的住宅形式已经形成，并应用在萨莫奈人统治下的坎帕尼亚的乡镇中。

图 43　庞培，弗龙托住宅（House of
　　　 Lucretius Fronto），画有海滨
　　　 别墅的饰板

图 44　罗马，塞维鲁大理石平面图
　　　 （约公元 205—208 年），画有
　　　 庞培剧场（缺失的部分系文
　　　 艺复兴时期补画）
图 45　罗马，奥古斯都时期的硬币
　　　 （约公元前 65 年），上面刻有
　　　 尤利亚元老院

庞培和赫尔库兰尼姆只能给我们一个局部的印象。例如我们可以看到，即使在坎帕尼亚的城镇中也存在着人口压力和地价飞涨的问题，城市住宅变得紧凑密集，往往用二层小楼围绕在天井四周，以柱廊作为沿街立面。值钱的沿街门面变成了商店，很多富有人家迁到了城外。这些城镇还不能充分说明罗马城中类似的人口压力。在罗马的人口密集区，多层木结构出租住宅已经是居住条件较差的典型写照。这些情况在当时的文学作品中有生动的描写，并且公寓建筑在帝国初期的奥斯蒂亚仍可见到，在很多方面这都是罗马的继续。

了解罗马居住建筑的另一个障碍在于，现在尚未发掘出大型的罗马乡村和城市郊区住宅。从当时的文献中，我们对这些住宅及其艺术内容了解很多，但遗憾的是文献对建筑本身却涉及甚少。许多住宅建在阶梯式的平台上，平台中嵌入了柱廊和其他结构，比如庞培的神秘别墅（Villa of Mysteries）的西北立面中就有泰拉奇纳的朱庇特庙样式的柱廊。

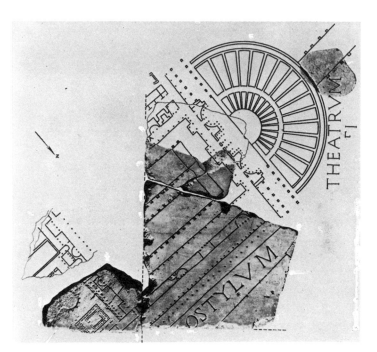

我们知道，这是从当时的城市建筑做法中自由借鉴来的，我们还可以有把握地假设，由于许多居室被设计成向外面对周围景观，而不是向内对着院子和花园，所以这些住宅反过来也激发了庞培和赫尔库兰尼姆建筑最后阶段中最明显的发展趋势。但我们不得不承认，由于存在像阿尔巴诺（Albano）的庞培别墅之类的少数例外，对于似乎是共和国晚期建筑中最激动人心的、最进步的趋势，我们还知之甚少。

因此，我们只能在城镇住宅方面谈得很细。不管怎样，就庞培的外科医生住宅（House of the Surgeon）我们可以有把握地说，在公元前300 年左右所有天井式住宅的典型因素都已形成：轴线开端是小门厅，两间服务用房居于两侧；其后是中央天井，天井两长边的两端是两间卧室（本例中的中央水池是后来加建的）；天井的远端是残存的横向走廊；再往后是主要的起居部分，处于中央的房间最初为家谱室并可能兼作主卧室，后来成为主会客室，用木屏风或幕布与天井隔开，窗口开向后花园。庞培的另一座早期（公元前 3 世纪）住宅是萨卢斯特住宅（House of Sallust），建在城中一块不规则的街坊里，一些沿街的门面从建成时就是商店。

图 46　罗马，档案保管所，朝向广场的立面，三个拱券原来是连续拱廊的一部分
图 47　罗马博阿留姆广场长方庙（所谓的福尔图纳庙）
图 48，图 49　蒂布尔（蒂沃利），所谓的韦斯太庙，细部
图 50　蒂布尔（蒂沃利），所谓的韦斯太庙

图 51 罗马,在拉尔戈阿尔真蒂纳的一组共和国时期的庙宇平面(后建部分略去)(引自 Boëthius 和 Ward-Perkins,1970年)
图 52 庞培,韦蒂住宅(House of Vettii)天井

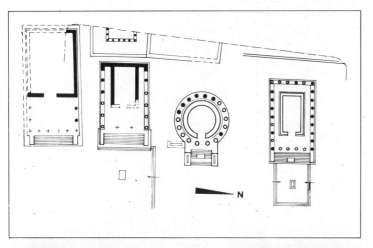

城镇住宅的后续发展经历了一个可以预见的过程。除了上文中提到的社会压力以及建筑材料和技术的不断发展之外,主要的决定性影响显然来自希腊地区。正如建筑细部装饰所显示的那样,这些影响首先直接来自以塔林敦为中心的地区,当时塔林敦对周围地区的影响最大。其次,就整体而言这些影响更普遍地来自希腊化地区。具有深远意义的变化之一,是以内围廊形式取代了院墙围合的花园。内围廊(peristyle)是柱廊围合成的空间,包括规整的园林、喷泉和雕塑,随着时间的推进,住宅中的许多居室都不可避免地转向了内围廊庭院。另一变化是天井中引入了柱子而使天井希腊化。开始是四根柱子位于水池四角[所谓维特鲁威式四列柱天井(tetrastyle atrium of Vitruvius)],后来是六柱或更多柱子的科林斯式天井("Corinthian" atrium),实际上就变成了内围廊。

公元前 2 世纪庞培奢华的福恩住宅(House of the Faun)体现了这两种趋势。随着多功能的内围廊形式在建筑上地位趋于稳固,古老意大利核心的重要意义不可避免地萎缩了。赫尔库兰尼姆稍早于公元 79 年建成的雄鹿住宅(House of the Stags)中,天井充其量比前厅稍大,居室对称地围绕在中心院子及后面的平台周围,向外能看到那不勒斯湾(Bay of Naples)。老式的天井住宅仍旧处处可见——甚至在稍晚于 200 年的塞维鲁大理石上的罗马平面图(Severan marble plan of Rome)残片上还能看到——但从老式意大利住宅到早期帝国形式的转变中,早在公元前 2—公元前 1 世纪就已迈出了实质性的步伐。

在圣所、公共建筑、共和国时期的意大利中部住宅之外,我们必须加上最后一类建筑——海港、粮仓和库房,罗马在成为地中海地区商业和政治中心后越来越需要这些建筑。幸运的是,这些仓库中的一座,建于公元前 193 年、重修于公元前 174 年的埃米利亚仓库(Porticus Aemilia)仍然保留了一部分。尽管这是罗马城中保存下来的最早的混凝土拱顶建筑,但它所以能保存下来并非出于偶然,因为确切地说,正是在这种实用性建筑中,建筑师才得以自由自在地发展出适于新材料并且实用、坚固的形式,而没有任何在建筑适用性上先入为主的观念。这一话题我们将在以后的章节展开,这里只需注意到下面这个结论就已足够:共和国的最后两个世纪已经为罗马建筑后来的成就奠定了坚实的基础。

图 53　庞培，上层为住宅的商店，沿
　　　　代尔阿邦丹扎大道（Via dell'
　　　　Abbondanza）而设
图 54　庞培，外科医生住宅最早阶段
　　　　的平面图（公元前 3 世纪）
　　　　（引自 Mau，1908 年）

图 55　庞培，福恩住宅平面图。此系
　　　　公元前 2 世纪的大宅院，有两
　　　　个天井和两个内围廊天井
　　　　（引自 Mau，1908 年）

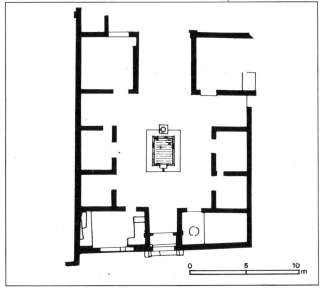

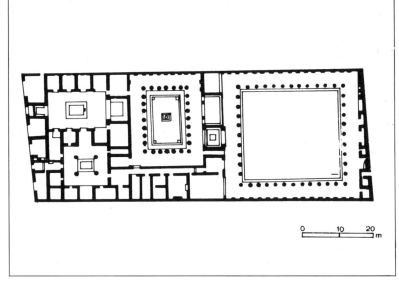

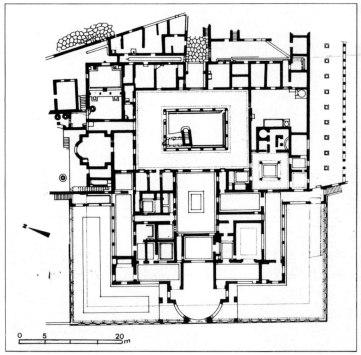

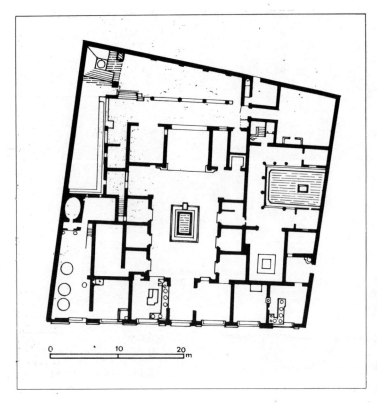

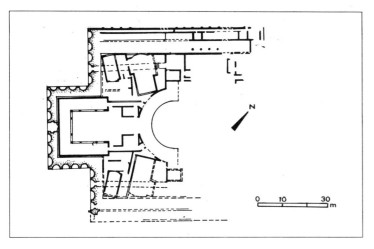

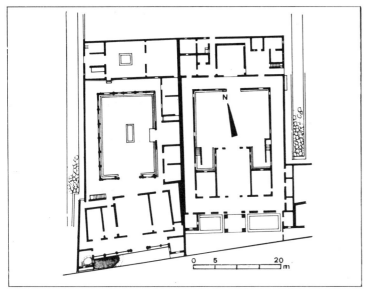

图 60　阿尔巴努姆(阿尔巴诺),庞培别墅。平台系原有建筑,歪斜的房间是在公元 1 世纪时重建

图 61,图 62　赫尔库兰尼姆,雄鹿住宅和马赛克天井住宅(House of the Mosaic Atrium),平面图和复原的南立面图,建在老城墙之上(引自 Maiuri,1958 年)

图 63　罗马,埃米利亚仓库,毗邻台伯河的仓库,公元前 2 世纪重建(引自 Boëthius 和 Ward-Perkins,1970 年)

图 64　罗马,米特拉教的地下圣所,在圣克莱门特教堂地下

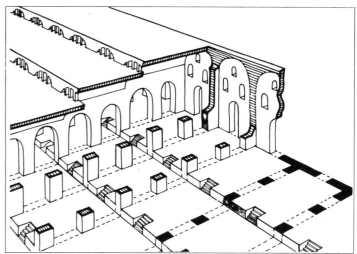

第二章　奥古斯都和帝国早期的罗马：保守的传统

公元前 31 年，恺撒（Caesar）的甥孙和继承者渥大维（Octavianus）在亚克兴（Actium）战胜了马可·安东尼（Marcus Antonius）和克娄巴特拉（Cleopatra），这成为历史上具有决定意义的事件。这场残酷的权力争斗一度将罗马共和国分为两个阵营，在持续近半个世纪之后终于结束了。在此后的半个世纪中，渥大维也就是人们熟知的奥古斯都（这一尊号是心存感激的元老院在公元前 27 年加授的）成为地中海地区无可争议的领袖，直到公元 14 年他去世为止。他为养子和继承人提比略（Tiberius）及其后继者们留下了一个权力主义者的框架体系。尽管在这一体系中权杖几次易主，但再也没有受到来自内部的挑战。这就是我们所说的罗马帝国的体制。

帝国一词与其他普遍接受的术语一样，是模棱两可的，既适用于罗马人在统治了大部分文明地区的基础上形成的政治集团，也适用于罗马通过皇权而实施其统治的政治体制，其中皇帝是有实无名的绝对独裁者。我们今天见到的罗马建筑是这个双重意义上的帝国的产物，在此意义上，我们准备简单讨论那些与这一时期建筑研究直接相关的方面。

首先应当强调的是，早在共和时期的最后两个世纪里，罗马帝国的实体就已经在很大程度上形成了。一个半世纪以后的图拉真统治时期，罗马帝国的扩张达到了顶峰，几乎处处都亟需大量的巩固与组织工作。但是在吞并埃及之后，奥古斯都就能够有效地重新统一希腊化地区。前文中我们探讨了希腊文明对意大利中部地区的冲击，该地区到此时仍处于文化主流之外。另一方面，在地中海东部，尽管希腊化时期在政治上四分五裂，但是，希腊语言、希腊思想，以及当地以种种生动形式出现的希腊物质文明，却存在着可靠的共同基础。奥古斯都的成就在于，他在共同的政治框架中带来了和平与繁荣，使得希腊古老的希腊化文明与小亚细亚、叙利亚、埃及在一次创新运动的酝酿中相互交融。

西部的情况则不太一样。在地中海沿岸地区，希腊与罗马殖民地形成了范围狭窄的希腊化城市生活，从这个角度来看，这些地区以外还有广袤的土地尚未开垦。其中的一些地区刚刚被征服，如高卢（Gaul）；另一些地区如阿尔卑斯山谷、达尔马提亚（Dalmatia），以及多瑙河流域，还都有待于纳入控制之下。在这两类地区中，最初都是要求罗马城——

共和国晚期希腊化的罗马以及作为地区文明中心的新兴帝国的罗马——提供建筑样板。

在罗马地区政治上重新统一的背后，存在着讲希腊语的东部与讲拉丁语的西部之间的深刻差异，存在着罗马作为古老文明的继承者与罗马作为主要文明的策源地之间的深刻差异。两者之间当然存在着千丝万缕的联系，存在着程度很深的相互影响和相互吸收，而随着"罗马和平"（Pax Romana）①的到来和社会日益繁荣，这些联系日趋紧密。但是，人们也会时时意识到历史背景和传统上的差异，这是兴衰成败的直接原因，并会在日常生活的方方面面留下了印记。

帝国的另一现象，即皇帝总揽大权于一身所造成的影响更是多方面的。不管是从君王的个人品味来看，还是因为他们是国有资金的最终来源，君王们几乎是当然的建造者。既然罗马是独裁的中心和象征，在位皇帝的个性几乎必然成为决定公众品味的主要因素。在罗马城以外的地区，中央政府的权威具有强大的统一效力，而随着越来越多的来自各行省的公民开始获得高级职位，并进而取得皇位，使这一效力得到加强。图拉真（公元 98—117 年）来自西班牙的意大利卡（Italica），是第一位非意大利籍皇帝；塞维鲁（Septimius Severus，公元 193—211 年）是第一位非欧洲籍的皇帝。随着君主制的巩固和宫廷礼仪的稳步发展，出现了对新建筑类型的需求。奥古斯都曾对一座小康之家的住宅非常满意并颇感自得，而仅过了一个世纪，图密善（Domitian）在帕拉蒂诺山建起了规模宏大的皇宫，这是整个帝国中一系列皇帝和总督府邸的建筑原型，后来所有的"宫殿"（palace）②都由此得名。这是一个大家熟悉的领域：希腊化时期的君王沉溺于他们壮观的建筑形式，而很多凯旋的共和国将军们将其部分战利品花费在奢华的公共建筑物上。哈卡纳苏斯的摩索拉斯（Mausolus of Halicarnassus）、帕加马的欧迈尼斯（Eumenes of Pergamon）、苏拉（Sulla）和庞培（Pompey），他们的个人品味都在当时的建筑上留下了痕迹。不同的是，现在这一切都集中在皇帝一人手中，并且不管怎么说，一度曾集中在罗马这一座城市中。随

---

① 指罗马帝国统治下的一段和平时期。——译者注
② 指 Palace 的词源是 Palatine。——译者注

图 65　罗马，卡斯托尔和波卢克斯
　　　 庙，重建于公元 6 年

着奥古斯都的执政掌权，我们翻开了古典建筑的新一页。

　　奥古斯都的宫廷中有当时最伟大的作家、建筑师和艺术家侍奉，他在历史上受到密切关注的时间长达半个多世纪，因而他的艺术品味一直令人费解。凡人奥古斯都掩盖在极力塑造出的偶像奥古斯都——"祖国之父"（Pater Partriae）的名下。有理由推断，奥古斯都对艺术的资助较少是出于个人对艺术的执着追求，而更多情况下是对通常事务的常规处理。资助艺术不仅是公众人物公认的义务之一，而且，正如苏拉、庞培和恺撒及其他先辈所意识到的，这种资助也是有力的政治武器。比如奥古斯都养父的神圣尤利乌斯庙（Temple of Divus Julius）或者玛尔斯庙（Temple of Mars Ultor，意为"复仇者玛尔斯"之庙），像维吉尔（Virgil）①的《伊尼阿特》（Aeneid）或者和平祭坛上的浮雕一样，都负载着政治含义。有理由认为，大部分奥古斯都时期的艺术作品中所以存在着明显的保守意味，是与他的个人品味相一致的，但这里必须考虑到，这种态度本身也是不错的政治策略。奥古斯都自诩为罗马传统美德的支持者，却重蹈了庞培与恺撒的覆辙，因冒犯了死硬的保守思想而一无所成。罗马城中新建了两座剧场，即巴尔布斯剧场（Theater of Lucius Cornelius Balbus，公元前 13 年）和为纪念奥古斯都的侄子马尔切卢斯而由他亲自主持建造的马尔切卢斯剧场。庞培剧场既已建成，再有两座新剧场，人们显然也能够接受。但是，公元前 30 年陶鲁斯（Statilius Taurus）在马尔蒂乌斯校场（Campus Martius）还是建成了一座半永久性的圆形剧场，这种做法可能并非出于偶然。剧场下为石基座，上为木结构，后毁于公元 64 年的大火。在坎帕尼亚，像庞培这类普通的城市可能已经为拥有石造的圆形剧场而骄傲了，而在罗马，人们却仍在小心行事。

　　从奥古斯都的业绩来看，必须将他当作一位建造者，而且这似乎也是他本人的愿望。在官修遗著《奥古斯都大事记》（Res Gestae Divi Augusti）中，有大段篇幅记录了他长期执政期间建造和修缮的建筑。苏

---

　　① 维吉尔（公元前 70—前 19 年），罗马奥古斯都时代著名诗人，《伊尼阿特》是他的著名史诗，描写英雄伊尼阿斯（Aeneas）在特洛伊城被攻陷后率众逃到拉丁姆地区，成为罗马开国之君的经历。——译者注

图 66　罗马，卡斯托尔和波卢克斯庙，奥古斯都时期的柱头细部
图 67　罗马，马尔切鲁斯剧场

埃托纽斯（Suetonius）也记录了他的伟大功绩："他将泥砖的罗马变成了大理石的罗马。"在他大兴土木之初，工程项目虽然来自恺撒遗留下来的构想和未完成的建筑，但都是经由奥古斯都之手建造完成的。后来的皇帝们可能会进行扩建、修缮或者装修，但是，奥古斯都已经构建了粗线条的框架，后来者的工作都是在这一框架当中完成的。

是否存在单一的"奥古斯都"风格的建筑呢？很多建筑史学家都觉得这种统一的建设设计计划应该会造就一种清晰鲜明的风格，然而他们未能找到，于是就东拼西凑了一些建筑特例作为典型，并将任何与此不符的建筑排除在常见的奥古斯都建筑之外。这种循规蹈矩的态度忽视了历史与考古两方面的事实：一是不应忘记奥古斯都的执政期很长，半个世纪中很多事都可能发生；二是如此众多的建筑在同时建造，所有的工匠肯定都是强行招募来的。作为恺撒意愿的执行者和继承者，奥古斯都本人早在公元前44年恺撒被谋杀之后不久就积极地开展工作，何况还有很多人的积极性并不亚于他。在此后的二三十年中，罗马大量的营造活动像共和国时期一样，实际上仍由热心公益或有政治野心的个人推动和资助。这些建筑中的大多数都难觅踪影，但其中一些得以遗存的实例足以说明，它们代表了极为多样的师承和风格。例如王宫，由卡尔维努斯（Cnaeus Domitius Calvinus）于公元前36年重建，采用的大理石来自卡拉拉（Carrara）新开的采石场，这在已知的罗马建筑中是第一座；又如由奥古斯都建造的神圣尤利乌斯庙，落成于公元前29年；再如萨特恩庙，约公元前30年后不久由普兰库斯（C. Munatius Plancus，里昂的奠基人）重建；还有奇尔科（Circo）的阿波罗庙（Temple of Apollo），由索夏努斯（C. Sosianus）在公元前20年前后建成。不管怎么说，当时的流行风格有很多而不是只有一种。

后来，随着原本临时性的政治据点逐渐巩固成为稳定的体系，真正的资助越来越多地落到了奥古斯都手中，等待着他本人定夺以具体实施。如果有单独的建筑能够代表奥古斯都时代的话，毫无疑问应是后来的国立纪念建筑：奥古斯都广场（Forum Augustum）及其中的玛尔斯庙。尽管如此，奥古斯都后期的主要庙宇，由其养子提比略建造、分别落成于公元6年和10年的卡斯托尔和波卢克斯庙及孔科尔德庙（Temple of Concord），仍显得个性卓然，以致有几位有名的学者推测，

这两座庙宇可能在公元1世纪的晚些时候有过一次未见记载的整修。他们的结论当然是错误的。这两座现存的建筑毫无疑问是提比略时期的作品。但是这种尴尬的局面却恰恰强调了，即使在奥古斯都晚期仍没有出现单独的、包容一切的奥古斯都风格。正如我们将要看到的，一种模式正在形成，公元1世纪后期的罗马建筑史的确是处于大致统一的发展潮流中，但这只是众多潮流中的一支。

奥古斯都时期建筑的本质构成是什么？第一，非常明确的是，正是意大利本土与外来的希腊化思想、材料和实践的融合，形成了共和国最后两个世纪的建筑。第二，奥古斯都从其养父恺撒那里继承了思想遗产和未完成的建筑，这份遗产也吸收了奥古斯都自己在恺撒死后30年间的建筑活动。第三，建筑工匠接受了大理石，大理石成为建筑工匠技艺的重要组成。第四是古典化品味的出现，这与大理石的传入密切相关，并以奥古斯都广场为典型代表。第五，也是非常重要的一点，就是罗马混凝土作为多用途的建筑材料正在稳步发展。因为混凝土是共和国遗产中形式发展的一个方面，而奥古斯都时期的建筑师对此又缺乏清晰的概念（尽管他们在合于惯例之处也乐于采用混凝土），因而这部分将在专述罗马混凝土技术的下一章中讨论。

正如我们所见，在罗马共和国晚期，希腊化的意大利建筑相当节制，所有潜力的挖掘都发生在首都以外的地区；其中包括一些偏远的拉丁姆圣所，还很可能有富人别墅。但是意大利建筑的根却越扎越深。罗马建筑思想接受了一些意大利早期传统的因素，如使用料石、强调正面的意大利庙宇。同时也接受和吸纳了新近的变革：如混凝土拱顶；普遍放弃意大利木石建筑的形式和比例，并代之以传统的希腊柱式；古典风格的虚饰性拱券（常用于城市纪念性建筑中）或者普通拱券；以及大量相对新颖的综合产物，如巴西利卡和罗马剧场。当时还有几座早期遗留下来的古建筑，但到公元前1世纪中叶时，这些建筑都早已是具有历史意义的建筑。这时的建筑品味已经成功地与大希腊化地区的文化成果达成妥协。

共和国晚期的传统必然成为奥古斯都时期建筑师的出发点。在建筑材料与构造做法的层次上这几乎别无良策。材料是地方承建者手中

的材料，做法上就要看他们如何适应这些材料。在设计方面，并且一度在建筑装饰上，明显存在着保守主义小心求证的束缚。虽然永久性剧场在首都还是相对新生的事物，但马尔切卢斯剧场以拱廊组成的立面（在这方面可能模仿了庞培剧场中的先例）却具有与共和国档案保管所完全相同的处理手法。建筑整体尺度的改变给古典柱式的常规用法带来了越来越多的麻烦，而将有结构意义的拱券套在装饰性柱式的开间里，就非常理想地解决了这些问题。在罗马努姆广场的巴西利卡、柱廊、凯旋门和家族陵墓中——实际上在新兴的建筑中，只要是需要庄严得体、为传统认可的古典主义表面处理，运用这种手法就都可以同样获得成功。近一个世纪之后，大角斗场外立面仍然恪守共和国时期罗马确立的传统。

另一项遗产时间更近、更有潜在冒险性，这就是恺撒时期始建或拟建的建筑。这里我们可以分成两类：一类是恺撒在世时已开工且程度不同地趋于完工的建筑，其中有不少建筑早在公元前54年征服高卢时就有了计划；另一类是在公元前44年恺撒死时还部分或完全没有动工的建筑。

在前一类建筑中，实质性的动作不过是调整了罗马努姆广场西端的秩序，这项计划可以说早在25年前修建档案保管所时就由苏拉开始实施。恺撒的计划包括：彻底重建共和国旧巴西利卡之一的森普罗尼亚巴西利卡（Basilica Sempronia，后称尤利亚巴西利卡）和埃米利亚巴西利卡（Basilica Aemilia）的复原；演讲台（Rostra）与元老院的搬迁，前者迁至广场西端中轴线上，后者移至新位，正面与埃米利亚巴西利卡相关联；在元老院背后，建一个恺撒个人的全新广场［尤利亚广场（Forum Julium）］，这是一个两侧由柱廊围合的狭长矩形空间，与元老院相邻。广场的尽端增建了一座庙宇，这是恺撒公元前48年在法萨卢（Pharsalus）战胜庞培以后，为纪念尤里亚家族保护神维纳斯（Venus Genetrix）而建。有些建筑虽然尚未完工，但可望在公元前46年落成，而另外一些建筑则在公元前44年可能还尚未动工。但是，设计的主导方向在恺撒死前就已经确定，这样，留给奥古斯都的任务就是将新的神圣尤利乌斯庙建在广场东端，正对指向新讲演台的轴线。考虑到必须给予重视的古建筑的数目，能够赋予首都中心区以秩序并能与新地位相

符，这种尝试就是值得称颂。

这里需要简单提到恺撒另一个早期的计划，这就是罗马的第一座公共图书馆。历史学家和语文学家马略（Marius Terentius Varro）被指定为馆长，书籍的收集工作也已开始，但整个建筑究竟在恺撒死前是否开工，我们却不能确定。图书馆由阿西纽斯·波利奥（Asinius Pollio）在公元前39年建成。

在所有这些建筑中，奥古斯都和他（早期的）同时代人都遵循着已普遍建立的路线。无论在何处，与传统相背离的做法都是事出有因。例如，尤利亚巴西利卡的现存遗址，并不是恺撒时期建造并烧毁（约在公元前12年）的那座，而是在公元12年奥古斯都时期新落成的。该建筑的平面和外观都是传统套路，但内部回廊由三圈十字墩柱组成，既不像埃米利亚巴西利卡那样由柱子支撑着的木结构屋顶，也不像一百年后的乌尔皮亚巴西利卡（Basilica Ulpia）。支撑着混凝土拱顶的墩柱，面层为大理石，内部为石灰华。只有中央大厅的屋顶仍按传统方式建造，可能意在减少火灾的危险。在这种场合下，这一做法看上去时髦得让人吃惊，尽管为适应公众的口味，这种时髦仍小心地藏在传统立面背后——这种传统是罗马人在日常生活中耳熟能详的艺术，没人比奥古斯都本人更为精通。

关于恺撒将罗马扩建到马尔蒂乌斯校场的宏大构想［通过穆尔维乌斯桥（Pons Mulvius）和瓦克蒂坎桥（Vactican）之间的台伯河（Tiber）改道，马尔蒂乌斯校场自身得以扩大］，我们所知甚少，从奇切罗的一封书信中，只能获得大致的轮廓。似乎从雅典请来了规划专家，设计方案表达细致，内容详尽，可并入公元前45年的"城镇规划活动"中。不过，这一规划在恺撒死前可能很少得到实施。

这些构想都留待奥古斯都来变为现实。他高瞻远瞩地展开了这项计划，其中值得注意的，是动工时间定在公元前33年，恰好是亚克兴战役的前两年。他将任务委托给了他忠实的朋友和同僚马尔库斯·维普萨纽斯·阿格里帕（Marcus Vipsanius Agrippa）。人们认为，在当时建筑发展的关键时刻，阿格里帕起到的决定性作用比其他任何个人都

大，是阿格里帕在公元33年修复了罗马原有的四个高架渠，并增建了第五个，即尤利亚高架渠（Aqua Julia）——这也是恺撒的计划之一？——同时也揭开了城市供水系统进一步改善的宏伟蓝图的序幕。台伯河改道的计划虽被搁置，但是河堤得到了修复并达到了先进水平，河岸低地得以垫高。同时，马尔蒂乌斯校场上的弗拉米纽斯竞技场（Circus Flaminius）和庞培剧场以外的地方，一组全新的建筑群也开始扩建。这组建筑包括选举会场（Saepta）（由恺撒在公元前54年策划，但直至公元前26年才最后完工）、万神庙、尼普顿巴西利卡（Basilica of Neptune），以及罗马第一座公共浴场阿格里帕浴场（Baths of Agrippa）——浴场是最惊人、最值得称赞的变革。所有这些建筑都布置在景观优美的环境之中，包括门廊、庭园、运河、人造湖及及时增建的许多其他建筑，如奥古斯都陵（Mausoleum of Augustus）及和平祭坛。阿格里帕的作品在公元80年的大火中化为灰烬，万神庙虽沿用旧名，实际却是哈德良时期的作品。关于公元前25年建成的原万神庙，我们只知道两点。一是其平面很不寻常，圣堂的面宽似乎大于进深，长边中部有一条狭窄的柱廊。二是庙中使用了雅典雕塑家第欧根尼（Diogenes）刻的大理石女像柱。虽然这只是猜测，但容易相信的是，女像柱经过精心设计，是对雅典伊瑞克提翁神庙的自由改造。

恺撒的另一项遗产可能是位于卡拉拉［古代卢尼（Luni）］的大理石场。一座新建的采石场一般要经过若干年才能有效运转，而来自卡拉拉的大理石早在公元前36年就运抵罗马，用于王宫的重建。在共和国时期最后一个世纪里，进口的白色与彩色大理石日趋增多。前者来自阿提卡（Attica），后者来自努米底亚（Numidia）及爱琴海上的几个采石场。由于卡拉拉采石场的启用，对纪念性建筑来说曾是奢侈舶来品的大理石，在几十年中逐渐成为标准的建筑材料。不过大理石仍价格不菲，除在柱子、柱头、檐部和铺地上采用之外，一般只用作其他廉价材料上的贴面材料。帕拉蒂诺山上有一座奥古斯都本人的阿波罗庙，该庙的墙体就采用了大理石，不过这只是特例而并非常规。但是，奥古斯都在罗马大规模采用大理石是一个重要的决定——他宣称要留下一个大理石的城市也并非虚妄的自我吹嘘。大理石为首都的富有建立了新标准，这也不可避免地影响了帝国其他地区的品味，那些地区从未有过自己的大理石建筑。这种影响在几十年前就已在一些建筑中看到，如纳尔博内

图 68 罗马,帝国广场群(引自 Boët-bius 和 Ward Perkins,1970 年)

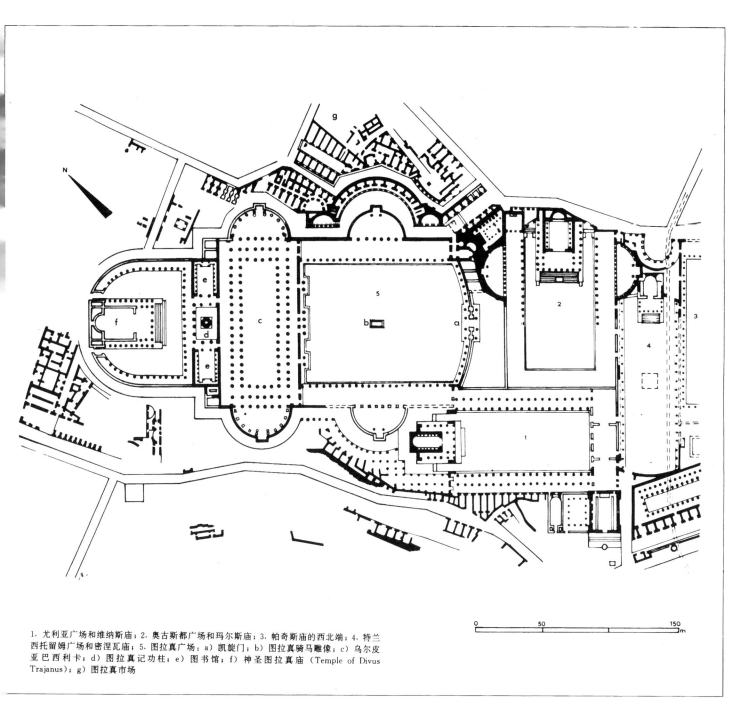

1. 尤利亚广场和维纳斯庙;2. 奥古斯都广场和玛尔斯庙;3. 帕奇斯庙的西北端;4. 特兰西托留姆广场和密涅瓦庙;5. 图拉真广场;a)凯旋门;b)图拉真骑马雕像;c)乌尔皮亚巴西利卡;d)图拉真记功柱;e)图书馆;f)神圣图拉真庙(Temple of Divus Trajanus);g)图拉真市场

（Narbonne）现已不存的罗马和奥古斯都庙，以及尼姆（Nimes）的四方庙（Maison Carrée）。

奥古斯都建设计划的顶峰是奥古斯都广场。玛尔斯庙之于奥古斯都广场，正如维纳斯庙之于尤利亚广场。早在公元前42年的腓力比（Philippi）战役时就设计了该庙，但直到奥古斯都广场落成典礼之后整整四年还没有完工，神庙及广场的大部分工程，无疑都是在公元前1世纪的最后十年里完成。这里看到的是非常成熟的奥古斯都时代建筑，如果存在这种建筑的话。

广场的平面实质上与其前身尤利亚广场（奥古斯都自己完成的）相同，并在此基础上增添了一对向两侧柱廊敞开的半圆形庭院。或许是可用基地的形状首先使建筑师想到了这种改进——苏埃托纽斯指出奥古斯都买不起他想要的那么多地——但无论如何，这种处理引入了生动而有特点的暗示性十字轴线，并与庙宇立面的轴线相重合。一个世纪后，大马士革的阿波罗多罗斯（Apollodorus of Damascus）在图拉真广场采用了同样的手法并取得巨大成功。今天，柱廊已毁，两侧的院子和奥古斯都广场高大的围墙控制了人们的视觉，给人一种宽阔的假象。而在古代，柱廊沿铺墁的露天广场两侧伸展，紧紧围住居于广场一端的庙宇，庙宇高居台基之上，控制着一切。因此，这是一种围合闭塞的感觉，仅靠十字轴线得以舒缓。而用这种轴线要想取得较好的效果，只有通过暗示而不是直接了当的表现才能做到。

所有这些还都是老式的意大利传统，连接得更紧密，纪念性更强，但仍使人回忆起庞培重建的广场。这里的新鲜因素，首先是规模和昂贵的材料。庙宇和其他建筑细部中使用的白色闪光大理石，衬托在廊柱、甬路和内墙面的彩色大理石之中。其次是建筑的雕塑，出自专从雅典邀请的工匠之手，雕刻手艺的细节准确无误地表明了这一点。表现最明显的是上层柱廊的女像柱，柱子上交替使用着巨大的肖像装饰和中部为头像的圆雕饰；还有庙宇室内优雅的佩加苏斯（Pegasus）壁柱柱头，在阿提卡的埃莱夫西斯（Eleusis）可见到典型实例。但雅典的影响实际上是含蓄的，几乎在所有大理石雕刻的细部都是如此。

雅典的影响并无新意。在共和国时期，这种影响表现在某些建筑材料和手工艺的希腊特征上，并且表现为大批的希腊建筑师进入罗马工作。比如公元前2世纪萨拉米斯的赫尔莫多鲁斯（Hermodorus of Salamis，擅长大理石石活），以及恺撒招募的城镇规划者，他们曾就城市的扩建提出建议。但无论如何，这种影响在一定程度上是相互的。叙利亚的安条克四世（Antiochus Ⅳ，公元前175—前164年）将马尔库斯·科苏蒂乌斯（Marcus Cossutius）召至雅典，让他重建宙斯庙（Temple of Zews Olympios），这一事实清楚地说明了早期的罗马建筑师在海外的声誉。罗马建筑师在公元前44年的科林斯退伍军人居住地进一步声名大振。在内战后的腓力比和亚克兴附近的尼克波利斯（Nicopolis）也美名远扬，尼克波利斯明显受到当时意大利建筑的影响，特别是坎帕尼亚的影响。阿格里帕本人在雅典广场建造音乐厅时，无疑也从意大利汲取了养料。

当时，在希腊与罗马之间已经存在着互通有无的积极因素。但是，如果说奥古斯都广场与和平祭坛是奥古斯都盛期最优秀的国立纪念性建筑的话，那么，毫无疑问，首都的建设规模非常有利于希腊技术和希腊手工艺向罗马的传播。

从技术和手工艺水平上说，这是从地方材料过渡到大理石时几乎不可避免的自然结果。无论怎样评价当时的希腊艺术（尤其是当时的雅典艺术，为奥古斯都建设计划准备的高级手工艺工匠主要来自雅典），雅典艺术尽善尽美的技艺和丰富多样性都是无可怀疑的。即使是最挑剔的批评家也不能否认奥古斯都艺术的精湛技艺和对材料的明确掌握。

只有在静心思考这些手工艺作品时，才会产生疑惑。官方的艺术很少是无关功利的。即使是帕提农神庙也成为特定政治形势的视觉象征。如果帕提农是艺术杰作，那么这应归因于它的好运，建造帕提农的工匠能够从当时已炉火纯青的伟大艺术传统中汲取养料。而奥古斯都时期的罗马很少有这种自身的资源，他们所掌握的不能充分满足或只能勉强满足实际要求（详后）。因此，罗马也就只能向别人学习，除一些装饰性粉刷这样的小技巧外，其主要源泉还是雅典，但雅典本身此时已无创造力可言。

图-69　罗马努姆广场（引自 Boët-bius 和 Ward Perkins，1970 年）

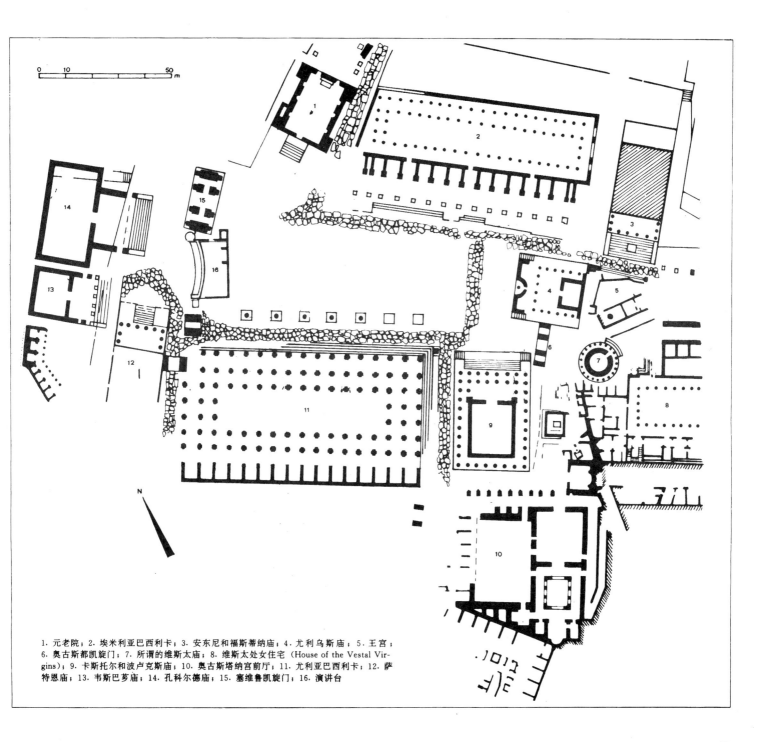

1. 元老院；2. 埃米利亚巴西利卡；3. 安东尼和福斯蒂纳庙；4. 尤利乌斯庙；5. 王宫；6. 奥古斯都凯旋门；7. 所谓的维斯太庙；8. 维斯太处女住宅（House of the Vestal Virgins）；9. 卡斯托尔和波卢克斯庙；10. 奥古斯塔纳宫前厅；11. 尤利亚巴西利卡；12. 萨特恩庙；13. 韦斯巴芗庙；14. 孔科尔德庙；15. 塞维鲁凯旋门；16. 演讲台

在和平祭坛中，就可以很清楚地看到这方面的成果。和平祭坛位于马尔蒂乌斯校场北端，临弗拉米尼亚大道（Via Flaminia）。由元老院在公元前 13 年下令修建，四年后落成。奥古斯都打算为厌战的世界赠送一件和平礼物，而和平祭坛的目的就是用诉诸视觉的形式去体现这份礼物。毋庸置疑，不管阿尔卑斯山或是西班牙西北山区的部落成员对"罗马和平"的看法如何，对于饱受百年内战煎熬的罗马地区人民来说，奥古斯都代表的是一种久违的平安之感。

为象征含义而采用的形式，是将祭坛紧紧围合在一个矩形区域内。祭坛似乎是根据雅典广场上怜悯祭坛（Altar of Pity）改造而成，并且是在雅典雕刻工匠的指导下，用意大利大理石建造的。祭坛的内墙面以纪念性形式产生了一种永垂不朽的氛围，帐篷式的木制围墙上悬挂着很多用于祭祀的花环。身在其中，可以想象出最初祭奠仪式举行的情况。外表面用一条水平回纹饰带划分成上下两部分。下部环绕着刻有抽象卷叶图案的连续护壁板，这种形式最早可追溯至希腊化的帕加马，而此时只能在雅典工匠的古代知识积累中找到了。上部的两个短边嵌板是象征罗马历史命运的图案，两长边则各有一道长饰带，上面逼真再现了由严肃的祭司队列、行政官员以及公元前 13 年 7 月 9 日到场参加仪式的皇室成员。

首先要说的是，和平祭坛实质上传达了某种意义，这是显而易见的。关于祭坛的建筑特点，或许众说纷纭，但对于建造祭坛的工匠来说，这方面似乎根本无关紧要。他们关心的不是这个艺术作品的制作，而是传递一种意象。他们的观众并不是雅典伯里克利时期（Periclean Athens）很有品味的市民，在他们看来，雕刻的豪华与技巧的精湛要比任何美学上的细致差异都更有说服力。

艺术服务于政治理念的态度会导致品味全无，当代的大量事例都说明了后果的严重性。罗马人是幸运的（或是不幸的，视个人的观点而定），他们偏爱希腊的古典作品。比安基·班迪内利（Bianchi Bandinelli）的争辩最有说服力，他认为雕刻领域中的这种偏爱，使意大利创造性天才的出现推迟了几个世纪甚至更多；他们不仅仅是简单地选择希腊作品作为范本，而是对希腊形式的兼收并蓄，所有风格和不

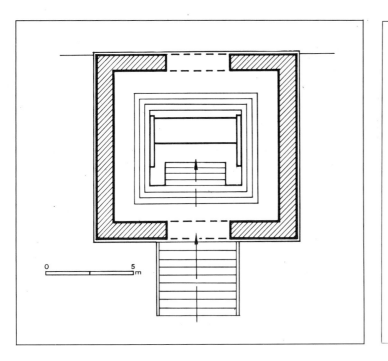

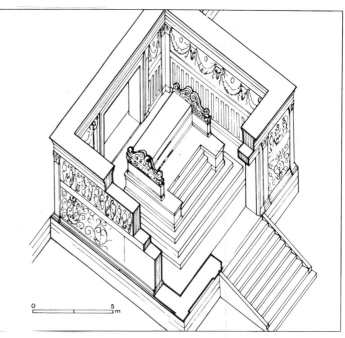

图 76　阿利基，萨索斯岛（希腊），罗马大理石采石场

同时期的作品都混在一起。这种为当权者作出的选择，只看重它们出自希腊，而不是出于对某种风格或其所代表品味的偏爱。

对于纯雕刻，班迪内利可能是对的。但对附着于建筑的雕刻（古典建筑往往如此），人们发现，在奥古斯都时期的建筑中找到成功的实例并非易事。即使是和平祭坛的卷叶纹也是综合了百年前帕加马的过时样式进行再创造而成，这清楚地说明了当时的装饰品味。在奥古斯都的有生之年，卷叶饰纹成为了意大利与西部行省建筑装饰的标准纹样。纹样饰带也即刻获得了成功。在美学意义上，祭坛的全部设计与乏味的学院派饰带任人评说。但是，和平祭坛以鲜明的视觉形式体现了当时的重要问题，因此将其定位在恰当的思想情感的层次上，使人人都能看到并研究其每一个细节，它就能站稳脚跟了。

帕提农神庙上也有一个能够说明泛雅典化过程（Panathenaic process）的巨大饰带，将和平祭坛的饰带与之进行比较，很有启发意义。这里用极为特殊的方式生动地表达了时代的主题。而且，这座建筑极高的内在价值与希腊式建筑细部引发的感情相并置，在色彩的辅助下，这种处理所表达的意义必定也是只可意会、不可言传的。人们只能设想，对当时的雅典人来说，这并不重要，这种信息已经是他们的内在组成部分了，因为在他们生活的时代，很少会对自己的智慧和审美价值观产生怀疑。同样，一位中世纪的雕塑家，生活在对宗教坚信不疑的时代中，他能为上帝的荣耀而去雕刻，却对人类观看者漠不关心。对于奥古斯都和他同时代的人来说，留给他们的是百年的艰辛和动荡，这种态度就是不可理解的。在易于观看和理解方面，和平祭坛饰带在艺术上是意义深远的。和平祭坛的成功之处还在于，它影响到凯旋门和其他建筑上的官式浮雕的发展，在此后二百年中，这些浮雕与和平祭坛的雕饰都有直接的渊源关系。

建筑史学家的责任是去记录和诠释史实，而不是去褒贬什么。如果我们停留在奥古斯都广场与和平祭坛，认为两座国立建筑物共同代表了奥古斯都政府对待建筑和建筑雕塑的态度，这并不是因为这两座建筑具有内在的美学价值，而是因为无论从什么角度看，它们都构成了罗马建筑史上的里程碑。由于历史的原因，这个里程碑几乎非它们莫属，

所以在结束对奥古斯都时期罗马的讨论之前，我们想简要评价一下奥古斯都的宏伟计划在罗马建筑史宏观框架中的地位。一方面，这无疑是代表了一种倒退，一种封闭。正如希腊雕塑艺术的威望在共和国最后150年中有效地压制了意大利本土的艺术品味，一支在本土建筑主流中很有希望的支流，面临着奥古斯都宫廷中好大喜功的新古典主义品味的挑战，被迫转入其他渠道。普拉埃内斯特的福尔图纳大圣所没有直接的后继者，它所表现出的那种艺术感觉，在富人的风景别墅中得到了部分体现，但从纪念意义上说，它在建筑史上是可望不可即的"或许曾有"（might-have-been）。

幸运的是，正如在共和国晚期所见，建筑在品味上并不像雕塑或绘画那样容易受到主观任意性的影响，建筑触及到日常惯例和社会便利的方方面面，很难轻易动摇。实际上，在同期大部分建筑领域中，包括很多公共建筑的分支，更新后的奥古斯都古典主义的影响很大程度上是浅层的。剧场、圆形剧场、巴西利卡以及实用性建筑和商业建筑，都继续遵循着与以前几乎相同的路线。不同之处仅在于采用的建筑材料种类更多，如果有装饰，则区别还在于装饰的特征和华丽程度。在本章结论部分，我们将谈及一些这样的建筑。

在设计的层次上，奥古斯都的建设计划可能排斥了几个已有的发展路线，但在装饰细部这一层上却是开放的。比如，白色和彩色的大理石已得到广泛应用，这带来了很多新机会，同时也带来了问题。卡拉拉采石场的启用使得奥古斯都的计划成为可能。此时，在奥古斯都本人及其后继者们的统治下，已有的大理石采石场不断发展，新的采石场也正在开发（值得注意的有埃及的花岗岩与斑岩）。在国家控制之下，整个生产和分配体制得到彻底改善并趋于合理，保证了丰富多样的供应。大理石以前一直是名贵、稀罕的材料，但在几十年间却已在公共建筑中司空见惯。不久，大理石也以铺路石和墙面饰板的形式进入了居住建筑领域，在公元79年庞培毁灭之前，数量可观的材料也来到了这座小镇。人们能够充分感觉到这种新材料的含义，包括结构上的和装饰上的，但是，这个领域就像其他很多领域一样，正是奥古斯都为将来的发展奠定了基础。

正如我们所见，人们可以立刻感觉到越来越多地使用大理石的结果之一，就是促使许多外国工匠来到罗马从事雕刻，其中以阿提卡人居多。一些建筑如奥古斯都广场，其影响之快，以致这些工匠引入的母题和手法在一代人之间就被罗马人接受，成为一种建筑装饰的标准样式。人们可能会想到，罗马很快发展出了自己的装饰图案和风格特征。尤利亚—克劳狄式（Julio-Claudian）和弗拉维式（Flavian）的建筑装饰具有罗马特点，正如以前的装饰具有希腊特征一样。公认的分离点是奥古斯都时期罗马的古典化装饰（图拉真的建筑师在一个世纪后重归此处）。失去的则是以古典范例为基础的共和国传统，凝灰岩或石灰华的使用（表面一般抹灰）制约了这种传统的发展。在首都，共和国的装饰传统几乎在一夜之间就被弃用了，且从未回潮。只有在意大利边远地区才能发现从共和国到帝国过渡时期的实物遗存。

奥古斯都时代的罗马建筑，最引人注目的特点是暴发户般的奢华表面处理，以及雅典新古典主义强烈的弦外之音。这的确是奥古斯都计划中的重要因素，虽然它可能并不适合今人的品味，但无疑适用于当时的状况，确切地表现了奥古斯都政权希望传达的繁荣稳定的特征。但是，在关注伟大的国立建筑的同时，也不应忘记，在一些平凡而又必需的领域，诸如道路桥梁、供水下水系统，以及城市发展的其他实用方面，奥古斯都的建设规模也不小。在雅典雕塑工匠和大理石工匠的身旁，并肩劳作的是无数大大小小的工匠的队伍，他们使用着（并慢慢喜欢上）从父辈那里继承来的传统材料。他们的建筑才是当时平民百姓的建筑，并且正如下一章将要谈到的，他们正在为建筑史上最大的进步之一奠定基础。从这个前景上看，奥古斯都时期的罗马之所以重要，并不完全是因为它的过去如何，而更是因为它为即将到来的新事物搭建了舞台。

不管后来如何，奥古斯都建设计划的直接结果是强调了这样一种态度：在一定类别的公共建筑中，惟有那种具有希腊古典柱式表面特征的风格才是可以接受的。众多奥古斯都时期作品中的古典主义倾向必然加强了这种态度。只有在最低的等级，即没有这种成见存在的商业建筑和实用性建筑中，使用混凝土的罗马本土工匠，才能真正自由地沿自己的路线发展。两种传统共生的情况当然也有很多。到公元1世纪中期，在某种程度上不同时包含这两种传统的建筑几乎没有。然而，按当

时建筑思想中公认的标准，将两种传统加以区分是有充分根据的，并决定了特定建筑的外观形象；在许多为罗马建筑分类的方法中，就晚期的罗马建筑发展来说，这种区分在这一时期最有意义。直到文艺复兴，古老的希腊传统才得以彻底地回归，凝结为所谓"罗马"建筑的繁荣景象，而对于其中最真实、最鲜明的罗马特征，实际上却缺少公允的评价。

以下将简要地看一些建筑实例。在保守、古典化的意大利—希腊化传统的最后阶段中，这些建筑是主要遗迹。在下一章，我们将沿着对新建筑普遍接受的路线，去考察问题的另一面，这是罗马对欧洲建筑总体经验作出的最大的创造性贡献。

在很多社会中，所有保守因素中最为保守的是在宗教领域，罗马也不例外。罗马的国立庙宇都是庄严得体的古典建筑，虽偶有圆形，但普遍为矩形，并以带山花的门廊为正立面。少数建筑是端庄的古风式建筑，如哈德良的维纳斯和罗马庙（Temple of Venus and Rome），四面柱廊环绕，仍是古希腊式的自由处理；但是，罗马绝大多数建筑都遵循意大利形制：庙宇建在台基之上，正面开门，台基只能沿正面台阶登上，有一个带山花的门廊。这种形制也逐渐蔓延到各行省中。我们已在帝国的广场群中见过这种形制，后来的著名实例则是安东尼和福斯蒂纳庙（Temple of Antonius and Faustina），该庙始建于公元141年并遗存至今，现为米兰达（Miranda）圣洛伦佐教堂（Church of San Lorenzo）。即便在哈德良万神庙这样具有革命意义的建筑中，人们仍感到有必要按传统设计出一个庄重的山花立面。

尽管后来是在完全不同的建筑类型中出现了创新，但这并不意味着当时这些庙宇在建筑上就没有重要意义。这些庙宇的重要性在首都的确已经削弱，因为那个年代的宗教狂热正逐渐转向神秘的东方宗教，这种宗教的秘密仪式要求完全不同的建筑形式，典型如密特拉神（Mithras）崇拜者们的聚会场所。三座公元3世纪的大型国立庙宇在时间上有些错位，它们富丽堂皇，具有传统古典风格，分别献给来自东方的新客：奎里纳莱山（Quirinal）上由卡拉卡拉修建的高大庙宇塞拉庇斯庙（Temples of Serapis，217—221年）、帕拉蒂诺山上的埃拉加巴卢斯庙（Temple of Sol Invictus Elagabalus，218—222年）、在马尔蒂乌

图 77　罗马，罗马努姆广场。左为塞
维鲁斯凯旋门，元老院，卡斯托
尔和波卢克斯庙。右为安东尼
和福斯蒂纳庙
图 78　罗马，安东尼和福斯蒂纳庙，
并入其中的是米兰达圣洛伦
佐教堂（19 世纪印刷品）
图 79　罗马，特兰西托留姆广场，帕
奇斯庙立面

斯校场由奥勒良（Aurelian）①修建的太阳庙（Temple of the Sun，
273—275 年）。最终，还是由君士坦丁打破了传统，他选择了一种世俗
的建筑类型巴西利卡，作为官方基督信仰的标准礼拜场所。

　　然而，具有奥古斯都时期罗马特征的庙宇，却是在罗马以外尤其是
在西部行省中，才得以充分体现了在建筑上的重要意义。在各省中，
一座罗马和奥古斯都庙或卡皮托柳姆神殿往往是罗马权威的极端象
征，也正因如此，这些建筑在传播传统古典主义的外部形式中起了重要
的作用。这些建筑包括尼姆的四方庙［以加尤斯（Gaius）和卢修斯·
恺撒（Lucius Caesar）的名义献祭，他们当时是奥古斯都的法定继承
人］，以及北非的斯贝特拉（Sbeitla）、图布尔博马尤斯（Thuburbo
Maius）和杜加（Dougga）的卡皮托柳姆神殿。这些神殿的形式在细节
上各不相同。例如，在斯贝特拉，卡皮托利诺山三位一体神中的每一位
神都有独立的神龛，但基本形式则明显是从共和国晚期和帝国早期的
意大利庙宇中继承而来。

　　我们还必须记住，希腊与意大利庙宇的融合，不可能对传统建筑品
位的准则毫无影响。人们能够具体看到，希腊柱式的公认比例在不断变
化着，包括越来越强调构件的高度。希腊化时期人们喜欢爱奥尼柱式的
修长和优雅，现在台基的引入使之更有活力。比如，卡斯托尔和波卢克
斯庙或玛尔斯庙，就试图以自身的高度来控制庙前的空间。而采用台基
的做法很容易从庙宇建筑传到其他类型建筑中去，尤其是柱基底石
（plinth），此时已用于居住建筑或纪念性建筑中，一般用来支撑附墙的
装饰性柱式。开始人们用较浅的半柱模仿三维的柱子，但这很快就成为
独立的样式。比如，在公元 96—97 年由涅尔瓦（Nerva）建成的特兰西
托留姆广场（Forum Transitorium），两侧柱廊的柱子就是独立的，只
有檐部并入到墙里。这个特例中并没有基底石，但却有阁楼（attic），这
不仅增加了高度，也自然地强调了突出部分所形成的水平韵律。类似的
例子还可在雅典的哈德良图书馆中见到，这里虽无女儿墙，但柱子却有
线脚丰富的独立基底石，从而高度也有所增加。还有一个例子是尼姆的
圆形剧场外立面（公元 1 世纪后半叶），壁柱突起得很小，但这两种柱

图 80 维罗纳，博尔萨里门
图 81 塞古西奥（苏萨），奥古斯都凯
　　　旋门
图 82 贝内文图姆（贝内文托），图拉
　　　真凯旋门

式的部件一应俱全。

相同的趋势在另一类典型的罗马建筑中也可以见到，这就是凯旋门。形式简单的基底石与女儿墙已经出现在皮耶迪蒙特地区（Piedmont）苏萨（Susa）的奥古斯都凯旋门（公元前 9—前 8 年）中。但越往后越少。伊斯特里亚地区（Istria）波拉（Pola）的凯旋门以及普罗旺斯地区（Provence）格兰努姆（Glanum）的凯旋门中，我们又发现，基底石、檐部和女儿墙与角柱或双柱形成的柱式构图之间原有的一致性被打破了。这种类型的后续发展很大程度上是对水平节点的精雕细饰，而且几乎总是关联着对高度的强调。在古代，一组组的雕像是构成凯旋门纪念性的基础，这些雕像进一步加强了对高度的强调。维罗纳两座弗拉维时期的城门，即博尔萨里门（Porta dei Borsari）和重修的莱奥尼门，两者关系紧密，充满繁琐的巴洛克式的细部做法。而更严格的古典化发展体现在意大利三座著名凯旋门中，即位于贝内文托（Benevento）的图拉真凯旋门（114 年）、罗马努姆广场的提图斯凯旋门（1 世纪末）和位于安科纳（Ancona）的图拉真凯旋门。

如果要介绍保守的古典化传统最后阶段，只需简要地浏览一下四座有代表性的罗马建筑即可，它们是：马焦雷门、韦斯巴芗的帕奇斯庙、大角斗场和图拉真的乌尔皮亚巴西利卡。

马焦雷门由克劳狄建造，是一种纪念性的双拱结构，用来支撑两条新建高架渠，即克劳狄高架渠（Aqua Claudia）和阿尼奥诺武斯高架渠（Aqua Anio Novus）。在普拉埃托里亚大道和拉比卡内大道（Via Labicane）交汇于罗马城门之前，马焦雷门就跨在这两条路上。高架渠自身是由当时的砖包混凝土建造的，但全线的拱券则完全是用石灰华料石按照老式的做法建成，底部砌体的砌法非常粗野。特里尔的尼格拉门（Porta Nigra）中表面粗野的砌体只是当时没能完工而形成的，然而，此处的粗野处理是一种专门的手法，仅见于公元 1 世纪中叶少量的建筑中。其中包括维尔戈高架渠（Aqua Virgo）的末端拱券（此系另一座克劳狄时期的建筑），以及克劳狄庙（Claudianum）的台阶式底部结构（由韦斯巴芗建造完成）。作为当时罗马建筑的一个特征，这只不过是意义不大的新奇事物而已。其重要意义在于后世，米开罗佐

图 83　罗马，马焦雷门，粗野的砌体
　　　　细部

图 84　罗马，克劳狄庙，拱式台地墙，
　　　　粗野砌体

图 85　罗马，帕奇斯庙（韦斯巴芗广
　　　　场）复原图（原作 S. E. Gib-
　　　　son，引自 Colini 和 Gismondi
　　　　in "Bollettino Comunale"，
　　　　1934 年）

图 86　罗马，大角斗场外观

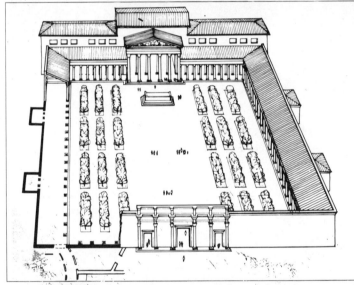

图 87　罗马，大角斗场外观

（Michelozzo）与伯尼尼（Bernini）应用粗野做法时，显然是从这样的罗马建筑中汲取了灵感。

　　韦斯巴芗的帕奇斯庙（Templum Pacis）实际上是对帝国广场建筑群的扩建，即使在名义上并非如此。就像奥古斯都的和平祭坛，帕奇斯庙是在一场内战后建造的，用来标志新王朝的建立并祈愿和平。这是一个接近正方的宽敞空间，柱廊从三面围合，布局犹如一个花园。实际的庙宇是座很普通的建筑，没有台基，山花居于西南门廊的中央，圣堂突出于外。左右是展厅与图书馆，陈列着来自耶路撒冷的战利品，后来改为塞维鲁大理石上的罗马地图。

　　帕奇斯庙形式上的原型并不在罗马城，而在坎帕尼亚。柱廊从四面围合，其中一面是带山花的门廊，这些是该地区公共建筑和私人住宅的普遍特点。比如半个世纪后，普泰奥利［Puteoli，现波佐利（Pozzuoli）］的市场设计方案就很接近于帕奇斯庙。而雅典的哈德良图书馆更为接近，很可能就是按帕奇斯庙略作改造而成。对老普林尼而言，帕奇斯庙在当时是罗马三座最漂亮的建筑之一（其他两个是奥古斯都广场和埃米利亚巴西利卡）。普林尼无疑受到繁琐的陈设和雕塑的影响而思想品味保守，考虑到这一点，他对帕奇斯庙的评价可能是公允的。而帕奇斯庙事实上也是古老意大利—希腊化传统（Italo-Hellenistic）中最后的伟大建筑之一。

　　大角斗场的风格属于首都地区由来已久的形式传统，除此之外，它与帕奇斯庙几乎如出一辙。大角斗场由韦斯巴芗建造，场址设在人工湖畔，湖的四周环绕着尼禄的金宫建筑群。角斗场的石灰华立面直接秉承了档案保管所、尤利亚巴西利卡和马尔切卢斯剧场的传统。而内部保守至极，大量采用石头而极少使用混凝土。尽管对文艺复兴建筑师来说，大角斗场是罗马建筑成就的缩影和古典柱式的生动教科书，但实际上它是罗马传统穷途末路的标志。就风格和材料而言，这个城市中能与之相比的最后一座公共建筑是图密善运动场（Stadium of Domitian），现为纳沃纳广场。

　　除了令人叹为观止的尺度外，罗马建筑史学家的主要兴趣在于大

角斗场为罗马的施工方法提供了实证。大角斗场在结构上的成功之处在于基础的绝佳质量（几乎没有沉降的痕迹）和对材料的精心选择。主要的承重体系全是由料石砌成，内部为凝灰岩，外部包砌石灰华。混凝土则仅限于拱顶和上层内墙。座席区采用木结构，以使最高一排座席对无支撑顶楼外墙的作用力达到最小。所有这些都是老式做法，但能够把握最后的结果。而角斗场能在开工仅十年后就举行竣工典礼（一般认为上层尚未完工），表明建筑师知道如何有效而经济地调度大量劳动力。为了加快施工进度，工程被分成四部分，并按材料进一步细分成更为详细的施工计划。尽管材料和风格可能还很传统，但工程的组织管理是不受时间影响的，其成绩之大也是惊人的。为大角斗场的竣工典礼而在大街对面又建成了提图斯浴场（Bath of Titus），但遗憾的是浴场遗址已所剩无几。可以想像，浴场用砖包混凝土建成，绝对是座时髦的建筑，在风格与方法上自然会与角斗场大唱反调。

图拉真广场落成于 113 年，是最后一个也是最伟大的帝国广场。这座纪念性建筑也传递了一种意义，这一次传达的是通过伟大的士兵皇帝（soldier-emporer）的胜利而强加给罗马敌人的"罗马和平"。为给广场开辟道路，建造者大量挖去了奎里纳莱山的斜坡，并铲平了与卡皮托利诺山相连的横岭。宏伟的入口引向一个两侧布列柱廊的大型开敞广场，图拉真的骑马铜像是广场中最重要的标志物。广场后端通常是轴线上的庙宇，而此处却是一座横置的高大建筑——乌尔皮亚巴西利卡。巴西利卡之后是个回廊小院，两侧各为一座图书馆，中央是图拉真记功柱。记功柱表面刻有浮雕并沿柱螺旋上升，浮雕记载了图拉真在达契亚（Dacia）获胜的情况。整个建筑组群都充斥着象征皇帝胜利的多彩雕塑。图拉真死后，在对着记功柱和巴西利卡的远端位置，又建造一座宏大的庙宇。整个广场建设计划至此结束。

阿波罗多罗斯建造的图拉真广场是孤立的建筑，意图唤起正在逝去的传统，但广场的辉煌却在后来的几百年中一直是罗马伟大的象征。应当记住，阿波罗多罗斯也是图拉真浴场的建造者，因而也是时代风格的大师。他的作品并非一味盲目模仿，比如图拉真柱就是有独创性的，柱上的浮雕标志着国家雕塑古典风格的终结，以及深刻影响古代后期的新传统的形成。另一方面，建筑的细部摒弃了弗拉维工匠的矫揉造

图 89 罗马，表现了乌尔皮亚巴西利卡部分立面的硬币，刻有精致的雕像
图 90 罗马，表现图拉真广场部分立面的硬币。雕像部分包括一辆套着六匹马的马车和战利品

作，标志着向古典母题和风格的回归。这一风格是从奥古斯都广场开始的，也明显影响了图拉真广场的柱廊和半圆形露天建筑。在图拉真广场中，巴西利卡和广场的紧密结合还是罗马的新生事物。这一形式来自北部行省，这种巴西利卡—广场组合体在当地长期以来一直是城镇规划中的标准程式（详见后续章节）。

　　对乌尔皮亚巴西利卡来说，除了主厅两侧的半圆形凹室外（可能在行省中有先例，但无论如何，凹室恰好平衡了广场上的半圆形露天建筑），从材料和设计上非常保守——对比于完全合于时代特征的相邻市场建筑来说，就更是如此。回廊、柱廊和分格的木顶棚，这些都会使普林尼毫不犹豫地将它列入罗马最漂亮的建筑之列。虽然这是罗马同类建筑中的最后一座，但各行省都非常钦慕并纷纷仿建［典型如大莱普提斯（Leptis Magna）的塞维鲁巴西利卡（Severan Basilica）］，随着时间的流逝，其特殊地位不断提高。当君士坦丁为新取得合法地位的基督教确定举行仪式的标准建筑时，他选择了木屋顶、带高侧窗的巴西利卡，而在众多建筑中他当时一定是想到了乌尔皮亚巴西利卡。据记载，当东部的皇帝君士坦提乌斯二世（Constantius II）在公元 356 年访问罗马时，这是最让他激动的建筑。他表达了要在广场中心复制骑马雕像的愿望。对此，他的随从回答道："如果行的话，您先命人修个相似的马厩吧。"这就是对古代的判断，也提供了一个很好的脚注，以此可以结束这篇英雄时代的帝国早期建筑史。

第三章 罗马：新混凝土建筑

在前两章里，我们回顾了罗马建筑发展的历程。从起步于意大利中部时的微不足道，到对希腊思想的逐渐吸收、改造和衍化，本地的传统日益生机勃勃，逐渐成为地域性希腊化建筑大家族在意大利中部的成员。我们还看到，在奥古斯都伟大的罗马首都建设计划中，这个朝气蓬勃的混血儿最终成为其重要基础。正如后续章节将要谈到的，罗马建筑还是西部诸省大量早期帝国建筑的源泉。在回顾这段历史的过程中，我们没有详述罗马混凝土的发展，而是有意尽量回避。混凝土是罗马共和国建筑的一个方面，事实上前后一贯地构成了主题的反主题（counter-motif），经缓慢而稳步的迈进，最终成为帝国晚期的主导性主题。既然人们普遍认为，对混凝土内在性能的开发和利用是罗马对欧洲建筑史的最伟大的单项贡献，因此现在是我们回过头来，谈谈混凝土的起源和早期发展的时候了。

首先是词的定义。罗马混凝土（Roman concrete）既不是水泥，也不是现代意义上的混凝土。这种材料由一块块骨料在灰泥中混合搅拌而成，形成的灰浆质量之高，不仅可用作填料，而且完全能以自身强度用作构筑材料。虽然墙体本身决非单调乏味，但通常还要一层层或一块块包砌其他材料，或石或砖，或是砖石结合。通常就是按这种面层的砌法来区分砌体的，这是建筑中最具区别性的可见特征。本章后文将详述这种面层处理，不仅是因为这种处理在任何罗马混凝土结构中地位瞩目，而且因为这种处理在施工过程中虽然不是关键至极，但还是起着重要作用。当然，实质结构还是面层背后的墙芯。这里，骨料既可以是手边任意的材料，也可以是根据目的特别选择的。沉重结实的石料用于基础，轻石用于拱顶。万神庙是这种筛选法的极端例子，从基础中的火山玄武岩到穹顶中的浮石，骨料被精心地分成了若干等级。

尽管在古代，混凝土一词几乎曾用于任何形式的砂浆碎石体，但在现代用法中，只有在砂浆强度足以作为拱券材料时才使用"罗马混凝土"一词。混凝土与表面上相似的做法是有区别的，在相似的做法中，砂浆的作用不过是在传统拱券上的砖石之间起胶结作用。正如我们将要看到的，造成这种差别的因素是罗马人理论知识上的空白。他们从经验中简单知道，这种材料配出的砂浆用在某些地方可以得到出人意料的高强度，而在有些地方却不行。这种基于经验的区分在世代建筑工匠

之间薪火相传，但这种区分一定很不精确，而且也肯定存在着难以明确的界限。但是，对于使用这种材料的建筑来说，将罗马本地和意大利中部的"罗马混凝土"从表面相似的砂浆碎石中分辨出来，显然是有意义的。比如，这种与混凝土相似的砂浆碎石就能在小亚细亚西部的大部分地区找到。

对意大利中部最早使用灰泥的情况无需再做讨论。利用泥或粘土填充石块之间空隙的做法，虽然以某些专门的形式流传到有明确记载的年代，但仍属正规建筑史的史前时期。有意义的第一步是人们发现，砂和石灰的混合物在相同场合下效果更好。得到的混合物今天称为砂浆（mortar），这在拉丁语中却找不到对等的词语，这说明了罗马人在建造方面的经验方法。我们的术语"砂浆"一词来自 mortarium，意为盛放石灰和砂子的容器。即使是维特鲁威那样的专业作者在很多文章里都满足于使用 materia 这样的泛称，这个词和它的现代派生词①一样笼统模糊。在需要确切表达的场合，如公元前 106 年普泰奥利的著名建筑契约中，就有必要具体说明混合物的成分：石灰和砂。

缺乏关于砂浆的明确术语恰好说明了，罗马人掌握这种重要建筑材料的工程知识是一个渐进的经验过程。像其他很多情况一样，关于石灰砂浆的知识最早是从希腊化的意大利南部传入罗马的。虽然一些细节仍困扰着我们，但可以确定的是至公元前 3 世纪上半叶前，罗马人已经会使用砂浆。公元前 273 年的科萨城墙是考古学在这方面的重要里程碑。墙基使用多角石砌体，按传统很适合于这个石灰石地区，但是墙的上身很新颖，是用不规则的石灰石小块搅拌在石灰砂浆之中砌筑而成。早在公元前 273 年，人们就已经确认，这种材料用于墙身，强度是足够的，同时，与其他具有同等强度的传统材料相比，又更有可塑性。

博尔索纳湖（Lake Bolsona）以南的意大利西部的大部分地区表面都是新近的火山源。这直接使普通的砂浆碎石发展成为"罗马混凝土"。普通石灰砂浆的强度有赖于这样的化学过程：先通过加热而使石灰石持续干燥脱水，接着将得到的生石灰和砂混合，并使这一混合物再次生

---

① 这个派生词应指 material，即"材料"。——译者注

图 91　科萨（伊特鲁里亚），广场入口
　　　处凯旋门坍塌的砌体
图 92　拉韦纳，西奥多里克墓。墓的
　　　穹顶是整体性的

成水化物，最后就得到了效果如同石灰石的物质。从无意中发现开始，再经过精心试验，拉丁共和国和坎帕尼亚的建筑工匠们发现了一种特殊的砂，用这种砂配制的砂浆，强度要比用其他砂子高很多。这种砂今天称为火山灰（*pozzolana*）。

维特鲁威忠实地记录了几代工匠的经验积累，对他来说这种火山灰是另一种砂子，学名"采掘砂"（quarry sand），以区别于普遍使用的河砂或海砂。维特鲁威及其同时代人不知道也无法知道的是，这根本就不是一种砂。砂实质上是岩石的细小颗粒，时时处于风雨的自然过程的侵蚀之中；而火山灰尽管有着砂砾般的外表，却是火山土的沉积。火山灰的化学成分，尤其是较高的二氧化硅含量，使之在建筑上具有很高的价值。其一，用火山灰代替海砂或河砂配出的砂浆可以用于水下，因而是构筑堤岸、桥梁和港口的无与伦比的优质材料。其二，在配制砂浆时，火山灰比普通砂需要的石灰配比小，而得到的化合物的整体性却更强。在熟练工匠手中，火山灰可制成结实的材料，不仅能承受重压，而且具有惊人的抗拉强度。古代似乎没有关于其抗拉性能与优质建筑石料比较的精确数字。大型无支撑的水平构件显然没有传统材料的代用品，但对曲线的拱顶来说，用这种材料替代传统材料，不仅从与自重的比例上说强度大得多，而且也极为廉价。现存最大的整体屋顶是位于拉韦纳（Ravenna）的西奥多里克墓（Mausoleum of Theodoric，526 年落成）上的浅穹顶。穹顶是在一大块伊斯特里亚石灰石上刻出来的，跨空部分的内径达 29.5 英尺，即 9m（万神庙的相应尺寸是 142 英尺，即 43.2m）。

在没有任何真正理论知识的情况下，使用砂浆的做法难免是一种试错的过程，且含有运气的因素。埃米利亚仓库的成就表明，首都的工匠对这种材料运用已达到了很高的水平。他们早在公元前 174 年就学会掌握了这种材料，使用的是当地的"采掘砂"。而普拉埃内斯特的福尔图纳圣所是另一突出实例。但是，这里仍有许多实际困难需要克服。其中一个严重的问题是，在罗马城和罗马平原（Roman Campagna）中取到的底土质量极为不稳，有些混入了尘土和其他杂质，这在建造中实际上是有害的。由于缺乏合理的理论依据作为选择标准，罗马工匠只能通过试验来确定能否使用。试验的方法虽然有效，但耗时太长。从罗马及其周边地区所用砂浆质量之低劣和质地之脆弱来看，很多承建者长期以来仍旧继续就地取材，而不顾建筑质量。

继续使用劣质材料的原因之一，显然是组织和成本上的问题。因成本低廉和使用便利，人们甚至在知道何种沉积土适合配制高级砂浆之后，仍旧继续就地取材。随皇帝中央集权而来的组织上的优势，使优质火山灰在广泛的地区范围内都能以合理价格买到。火山灰（pozzolana）这一名称本身就耐人寻味，它是拉丁语 *pulvis puteolanus*（普泰奥利粉末）的讹用。这种粉末与采自普泰奥利（现波佐利）的火山沉积土虽然外观不同，但化学成分相似。显然，就是在这个地区首次发现了火山灰的水硬性，时间约在公元前 2 世纪。至迟到克劳狄时期（公元 41—54 年），火山灰声名鹊起，一船船的火山灰出口到奥斯蒂亚用以建造该地的大型码头。这段史实由普林尼记载下来，从中可真切地窥见到早期罗马建筑背后的思想方法。这种思想方法建立在缓慢而谨慎的经验知识积累之上，虽然不会拒绝有价值的新思想，但缺乏本应取得更快进展的理论知识，整体上倾向于用相似的方法解决相似的问题。同时，这段史实也说明了昂贵建筑材料的调度和供应情况，这一直是罗马建筑实践中最大的优势之一。

从一个方面说，在罗马混凝土的早期历史中，先是无意之中发现了火山灰，然后人们对其性质进行了缓慢的、经验性的探索，最后将火山灰确定为石灰砂浆的固定成分。以此配出的砂浆强度大于此前所知的任何材料。到共和国末期，人们已清楚地意识到普泰奥利粉末的水硬性，并逐渐认识到罗马地区的优质采掘砂也具有同样的性质。维特鲁威在建筑思想的很多方面可能都是落伍者，但在材料和技术方面，对于公元前 1 世纪的第三个 25 年中罗马建筑工匠使用的材料，他的确给出了公允的评价。

新材料对共和国晚期的建筑有哪些影响呢？首要的也是最明显的影响是，混凝土是作为传统材料的廉价而高效的替代品，而成为建造交易中的常见材料的。假如混凝土不是在造价和效率这两方面都很有价值，对混凝土拱顶的采用就不会普及得这么快。混凝土尤其适于网格结构（cellular structure），而正如我们所见，网格结构在拉丁姆圣所规划、

富人别墅的平台，以及新兴建筑如圆形剧场和罗马剧场的规划和设计中，都占有重要地位。这反过来也一定会促进拱券技术向着更灵活新颖的方向发展。早期混凝土拱顶包绕在呈放射状排列的条形骨料的内表面之上，骨料的作用很大程度上就是（或者被认为是）传统拱顶中砖和拱楔块所起的作用。成熟的罗马拱顶则放置在两侧起拱墙体上，并处于同一水平层。这一结构的稳固，不仅在于单个骨料之间动态的相互关系，而且依靠砂浆的抗拉强度，正是在砂浆的作用下使骨料得以紧密结合。旧形式不可避免地滞留一段时间，与新形式同时并存。不过总的来说，奥古斯都时期的建筑工匠已全面掌握了这一新材料。

随着对混凝土的掌握程度不断提高，人们可以感到向新结构形式的谨慎前进。到目前为止，这些形式并非因其自身特点而被选择，混凝土仍然是内因，而不是激发力量。一个有意义的事实是，在能够恰到好处地运用混凝土的新型建筑中，至少有两类建筑既采用拱顶又有显著的曲线特征，这就是圆形剧场以及源于希腊但能"自由选址"的罗马式剧场。在建造剧场时，用料石构筑一个楔形的底部结构也完全可以，比如潘菲利亚（Pamphylia）佩尔格（Perge）的运动场，但是，这种做法总是费时费力因而也造价昂贵。如果有经验丰富的人进行筹划，加之熟练工匠的具体实施，一个楔形的房间也可以用拱顶覆盖起来，而造价仅比同样尺寸的矩形房间高出一点。人们肯定看到了范例，只是有待开拓。

罗马混凝土形成阶段中的另一方面是对应用范围的选择。正如前文所述，在建筑的一些类型中，传统材料的更新在社会上总是比在另一些类型中容易接受。这是一个常见的现象。工业革命时期的英国，铸铁作为建筑材料，被局限在特定的建筑类型中，这些建筑的主要特征是实用性强，多与工业、商业和交通运输有关。同样，古代罗马的庙宇是最后一批覆盖拱顶的建筑，而与此同时，在一些民用建筑领域中，原有传统的束缚却很小。如果建造尤利亚巴西利卡时就引入拱顶，在采用传统材料的立面背后就需谨慎行事。罗马不得不再等三百年，才使巴西利卡得以公开地、毫不遮掩地盖上拱顶。而与此同时，在商业建筑如埃米利亚仓库中，在高架渠和桥梁（相当谨慎地）中，以及一些相对的建筑新成员如浴场、剧场和圆形剧场中，混凝土首次显示了自身的独特性能。

图 93　罗马，塞维鲁大理石罗马平面图上刻画的埃米利亚仓库（1）和加尔巴纳仓库（Horrea Galbana）（2）。现已缺失的部分系文艺复兴时添画

图 94　克劳狄高架渠，罗马附近（老照片）

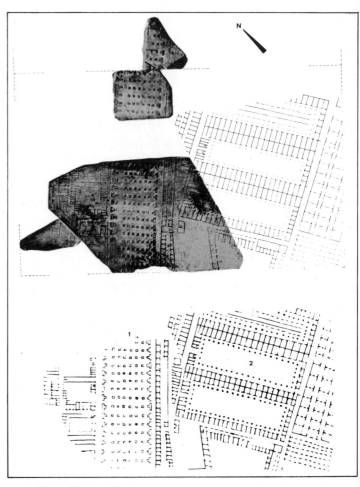

到奥古斯都时期，在越来越多的场合下，罗马混凝土早已成为木石的廉价而适宜的替代品。在混凝土使用者中，敢于冒险的人一定会越来越强烈地意识到，无论如何，在某些场合下可能会出现激动人心的建筑新设计。人们不禁会问，如果在一个不同的政治环境下，奥古斯都对罗马的重建会有什么样的巨大变化呢？正如历史原本的发展，奥古斯都的官员们强调重建罗马的传统价值观。在建筑方面，这就意味着传统古典主义炫耀的外表，以及新雅典手工艺的表面处理，而这种处理与罗马混凝土的潜在可能性无论如何也沾不上边。在表面处理上，奥古斯都时期唯一重要的变革是砖作为饰面材料得到迅速传播。提比略非常突出地将砖用在近卫军营房（*Castra Praetoria*，或 Camp of the Praetorian Guards，公元 21—23 年）外墙上，表明砖在罗马得到充分认可。此后，砖一直是首选的构造性饰面材料，直到古代晚期。

今天我们很难意识到，当新混凝土建筑最终脱颖而出时会有多么新鲜。塑造室内空间的观念作为建筑学中的基本概念之一，在我们头脑中已根深蒂固，以致需要我们的理智去清醒地接受这样的事实，空间观念的产生一度曾是惊人的变革。希腊建筑以及更早的古代东方建筑，曾经建立在一个几乎排他的相反观念之上，即建筑是作为结构物而存在的，或者说建筑是通过其砌筑实体而被感受的。围护结构的确能围合空间，正如四面墙和一个屋顶围合成一个房间一样。但是，希腊建筑师的卓越才华实质上却是体现在将围护结构不遗余力地组织得和谐一致，并在周围空间中布置得恰到好处。

实体的概念在希腊建筑思想中有多么基本，可以从一种相对少见的情况中看出来，这就是希腊人或其先辈如何建造容纳大量人员的会堂。波斯的会堂或晋见室（throne room）是方形大厅，柱子林立且排列规则，支撑着上面的平顶。在某种程度上，美索不达米亚和埃及总是依赖于进口木材。如用当地材料，则空间绝对会被限制在泥砖拱和条石所能支撑的跨度上。在埃及大型庙宇的多柱大厅中，实体对空间的比例之大，只能使整个建筑勉强算作对神圣事物不自然的陈述。

至于希腊，我们对伯里克利音乐厅（Odeion of Pericles）几乎一无所知，该建筑内部因有大量柱子而造成能见度很低，这在当时就名声

不佳。但是，对位于埃莱夫西斯（Eleusis）的著名集会大厅（Telesterion），我们可以复原其前后演变的各个阶段。这些阶段显示，即使在当时的杰出建筑师伊克蒂努斯（Ictinus）手中，建筑的物理要求和审美传统是非常难以折衷的（对这种传统来说此类问题实质上是陌生的）。公元前2世纪的米利都议会会堂是最成功的大型有顶建筑之一。即使在这座建筑中，问题也只是通过充分挖掘现有材料潜力而解决的，并没有任何全新建筑思维的迹象。由于缺乏本可激发出真正创造建筑内部空间的技术，希腊人满足于在原有基础上精雕细刻。确切地说，正如希腊化柱廊所体现的那样，他们坦然接受了古老传统的局限，并推向极致。

只有在意大利的土壤中，希腊人和罗马人才共同成功地创造了一种新建筑类型（如上所述，他们之间并无确定界限），虽然这种建筑只能孕育在传统柱式和传统材料的框架中，但做到了内、外同等对待。这种建筑就是巴西利卡。建筑语汇一仍其旧，但语法却是新的。不仅中殿的围合感因侧廊的合围而受到显著削弱（侧廊作为中殿的延伸可在视觉上和功能上有多种用途），而且高窗和采光都带来了一种对中心的着重强调——进一步说，这种强调是体现在照明中而不是在结构中。如庞培的覆顶剧场中，就已经在较小的程度上取得了相同的效果。这些就是"折衷"的建筑，但折衷得很成功，尤其是巴西利卡。尽管在材料表现上存在着整体差异，但就围合整齐、中央采光的大体量空间来说，巴西利卡必须看作是迈向混凝土拱顶新建筑的重要一步。

虽然只有部分人承认，但这里仍有建筑实践和观念上的合流。正是在合流的背景上我们看到了新建筑的出现。建筑师们似乎在突然之间意识到，室内空间应该不仅仅是墙和屋顶等围着的空的部分，而且应视作围护结构的存在之理由。针对这种概念，混凝土拱顶因其强度和形式的灵活性而成为近乎理想的材料。传统中有意强调的是构造的基本事实，屋顶、额枋等水平构件是通过搭在墙、柱等竖向构件上而清晰地表现出来的。而在取代这一传统时，罗马建筑师发现，自己面临着几乎一无所知的建筑上种种可能性，其中传统中的结构真实屈从于空间、光线和色彩的纯视觉效果，且常常故意造成一种模糊不定的感觉。对沉迷于创造性想像的任何建筑师来说，这都是令人陶醉的局面。人们只需将帕提

农神庙或帕埃斯图姆庙体现出的关于完美建筑的概念，与万神庙、圣索菲亚大教堂（Hagia Sophia），或任一座哥特大教堂的内部空间所体现出的观念相比较，就能理解罗马建筑革命（Roman Architectural Revolution）。这确确实实是建筑史上的一个转折点。

清晰地体现了对革命性新变化认识过程的第一座重要建筑物，是金宫（Domus Aurea，即Golden House）。这是公元64年大火之后尼禄在罗马中心建成的豪华别墅。为建造这个精心安排的住宅花园，他在旧城中心区征用了约300—350英亩的土地，并打算将首都郊区大别墅的乡野风味与拉丁姆和坎帕尼亚富人海滨别墅的闲情逸致结合起来。

一个值得注意的例外是，金宫的新奇之处很少靠建筑手段，而更多依赖于环境（拥挤的罗马市中心）以及陈设的精巧和奢华。金宫建在埃斯奎利诺山（Esquiline）山坡台地上，俯临一片人工湖面，那里后来建成了大角斗场。宫殿按当时的做法建成，混凝土拱顶，面层覆以大量大理石、灰泥、镀金材料和马赛克。平面非常传统，实质是当时海滨别墅的形式，柱廊立面背靠一层台地。可以在庞培和斯塔比亚埃（Stabiae）的壁画中看到很多这种建筑。规划中唯一重要的变化是东翼中部的房屋。这是一个八边形平面，紧接其中五个边、呈放射状排列着五个次要房间，余下三边则直接或间接地朝向正面门廊。整个建筑群都覆以拱顶。中央大厅是八瓣拱，不露痕迹地拼合成一个带有小圆窗的穹顶，放射状排列的房间则用筒拱和十字拱。放射状房间还通过装饰性的壁龛进一步生动起来，而主轴线上的点睛之处则是一道阶梯式瀑流。中央穹顶的拱背和内八边形垂直向上延伸的扶壁之间形成了一圈浅浅的采光井，开向这个采光井是向下伸入的窗口，这些房间的采光就是通过这样一个巧妙的系统实现的。平面并非没有缺点，比如放射状房间之间走廊似的三角形空间上笨拙的屋顶，又如八边形与侧翼部分接合的粗陋方法，硬将八边形的倾斜部件塞进性质不同的矩形形式中。今天，大理石的镶嵌图案和雕塑已经剥蚀，光和色彩没有了，这只能遗憾地算作原有形式的影子。但是，当时的人们已习惯于大多数设计中四个方块的简单形式，金宫对他们来说一定是对传统的惊人突破。

如此富于创造性的设计似乎不可能是在金宫中第一次实现。不过

图 95　佩尔格（潘菲利亚），竞技场，观众席底部结构的石拱细部

图 96　罗马，金宫，八边形大厅平面图

图 97　罗马，金宫，八边形大厅的剖视图，向北看大厅中的阶梯式瀑流

图 98　罗马，金宫，八边形大厅

这也许是第一次将这种平面结合到另一个体系中的矩形结构框架中，反过来无疑也说明了许多细部上的精细化。但是，八边形部分的平面以及它与建筑东翼之间生硬组合都表明，原有建筑在起初构思时打算建成独立的单元，后来才改为现在的样子。人们因这一原型而联想到的社会环境，也正是产生金宫的背景。这种直率的先锋建筑探索在富人的风景别墅中可能找到了天然的繁衍生息之地。当时的典型实例是些人工洞窟或喷泉建筑，这些洞窟或喷泉位于尼禄以前在苏比亚科（Subiaco）奥齐奥（Auzio）的一个府邸中，或在大火前罗马城特兰西托里亚宫（Domus Transitoria）中。虽不得而知但可以推测的是，就是在这样的背景下，建筑师首次清醒地意识到罗马混凝土内在的革命性因素。

公元 64 年，即尼禄的私人宫宅正奋力向妄自尊大的狂想迈进时，一场大火烧光了对新规划的罗马城的清醒、良好的感觉。而奥斯蒂亚仍为当时的罗马保留了具体的记忆。本章后文将谈到奥斯蒂亚，这里我们只限于讨论金宫八边形中所暗示的喜人图景，并简要回顾这之后的两代建筑师在建筑发现上的划时代行程。

探索的第一步本该在私人的资助之下迈出，先在极具探索性的皇帝宫宅中形成官式做法。如果说上述情况是自然的，那么再自然不过的是，一旦这种探索出现在如金宫那样名声不佳的建筑中，其后就会在公共建筑领域中继续发展。在很大程度上说，正是在首都的官式建筑中，新型拱顶建筑中所体现的思想成功地发展出其逻辑结果。我们有幸拥有大多数这类建筑的实物遗存，这些遗迹代表了发展中的各个阶段：图密善在帕拉蒂诺山建的皇宫奥古斯塔纳宫（Domus Augustana）、图拉真浴场（Bath of Trajan）及毗邻广场的市场建筑、哈德良的万神庙以及位于蒂沃利的壮丽的私人别墅。后文将要提到，所有这些建筑在不同程度上属于长期采用混凝土的那类建筑。而与此同时，同一位皇帝还仍然以保守的方式建造其他建筑，并认为这种方式适于多种形式的公共建筑，如大角斗场、韦斯巴芗的帕奇斯庙、图密善运动场以及图拉真广场。官方的宗教建筑则更加顽固保守，连万神庙的建造者也感到有必要在圆厅前建一个带山花的门廊，而在其后的几百年中，罗马的国立神庙一直保持着这种常见的山花柱廊形式。在这个方面第一座打破传统的

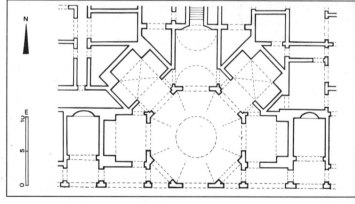

重要国立神庙是奥勒良的太阳庙。

图密善的宏大宫室，官方称为奥古斯塔纳宫，俗称帕拉蒂诺宫（Palatium），落成于公元92年，是为数极少的留下设计者姓名的建筑之一。建筑师是拉比留斯（Rabirius）。这组建筑建在帕拉蒂诺山两峰之间的鞍部，这种基地造成了很多规划上的麻烦。基地以西和西南方向为旧有建筑所限，除了南北两部分处于不同的台地层次之外，尚需设计出南北两个不对称的立面。北立面朝向山谷中的广场，南立面对着大竞技场（Circus Maximus）。拉比留斯采取的方案是将行政区（state apartment）组织在一个由半人工堆起的平台上，行政区实际上成为独立的西翼，并控制着从广场的入口；同时，居住区居于台地下层，正面毗邻大竞技场。这两部分在形式上由两个内围廊式大院连接，而两个院子又构成了单独的横向轴线。建筑群以东是一个长条形的下沉园林，园林在平面上与行政区相平衡，但并不形成体量。再往东是后来加建的多座建筑，包括一个浴场。整个建筑群由一条高架渠供水，该渠由尼禄建造，原来向金宫供水。

宫殿的行政区又包括三个部分：居于谷顶平台上的行政用房本身，提图斯凯旋门（Arch of Titus）将人们从山谷中引入此处；进来是一个内围廊式大院，内有规整的园林，两侧各建一排小房（只能猜测其确切的功能）；处于内围廊院远端的则是体量巨大的大宴会厅。

行政用房实际上形成了一个独立的矩形体块，横向扩展恰好构成北立面，正面向外，与内围廊院只通过次要入口相联系。最西端是巴西利卡，皇帝在其中坐堂问审。中间是个大观众厅，习惯上称为大殿（Aula Regia），可能用于国家的重要仪式，如皇帝正式露面或接见外国使节。东端则为一个小厅，有人认为这是家庭供奉堂（Lararium）即宫廷礼拜堂，但将此厅视作主厅的前厅或警卫室可能更好。其后是一间服务用房，通向宫殿这一区唯一尚留有痕迹的台阶。行政区的北、西两侧，绕建了一圈外柱廊，对应三个大厅的入口处有阳台挑出。

整个奥古斯塔纳宫的建筑材料都是优质的砖包混凝土，建筑建在高大的台基上，台基表面上有一道道的水平面砖层。事实上，现在露明的地方都是古时看不见的，整个墙面都用其他材料包饰起来——主要房间用大理石饰面板或装饰性大理石柱式，服务房间用石膏。拱顶几乎全部抹灰，有些地方可能还镀了金，也许还穿插使用了马赛克（比如一些半穹窿式的半圆凹室）。对罗马混凝土建筑的这一重要方面进行研究的困难之一，就是今天我们所见到的更接近于建筑建成的某个阶段，而不像是现代公寓楼的钢筋混凝土框架。我们可以推测建成后的部分外观，但不能真切地体验到。

两个主要大厅在平面上有一个共同点，就是在南墙的中部有半圆形凹室或半圆凹进的壁龛——在作为皇帝半神性权威之背景的罗马建筑中，这一特征是第一次正式出现。其他方面，尽管巴西利卡和大殿所用材料相同，但体现了两种截然不同的建筑传统。巴西利卡的传统以其丰富多样的相关形式使人回到了晚期共和国和奥古斯都时代。这一传统的实质特征是，半圆凹室和两侧墙上的柱列将目光从入口引至凹室中的构图焦点。这一传统的一个分支形成于如维纳斯庙和玛尔斯庙那样的建筑中，其凹室中供奉着祭祀的神像。既然此时庙宇的屋顶习惯用木结构，那么一般来说两侧的柱廊只起纯粹的装饰作用（在桁架技术未发展以前，希腊神庙柱廊的作用是辅助支撑屋顶），柱子放置在连续的柱基座上。可以推测，另一个相关的分支是富有人家私人别墅中的观众厅。再一个分支是在福尔米亚（Formiae）的所谓奇切罗别墅（Villa of Cicero）中共和国晚期的泉厅（Nymphaeum），侧廊在此处又恢复了其结构功能，减少了混凝土分格屋顶的跨度。

图密善的巴西利卡集中了这些传统，为其独裁统治服务，这一直现在在位皇帝雕像的外观形式上。尽管屋顶没有被保护下来，但屋面形式是混凝土筒拱顶这一普遍接受的观点，并没有理由怀疑。屋顶的跨度（47.5英尺，即14.5m）是充分可信的，建筑角部在建造时就采用了如此笨重的扶壁，这一事实支持了这个假设。

大殿更是一座自觉的时代建筑。通过对四壁的处理，其明显的静态和集中式的比例（约7∶8）得到了有意的强调。为满足宫廷仪式的要求，南墙中央处做成浅浅的半圆凹室，其轴线特征需仔细观察才能看出。尽管如此，由于这个凹室被置于一系列接近统一的凹室之中，因而

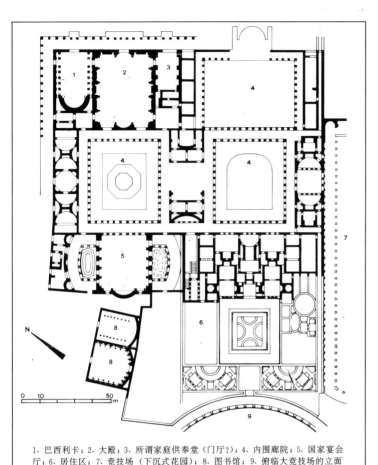

图 99　罗马，奥古斯塔纳宫（图密善宫）平面图（引自 Boëthius 和 Ward-Perkins，1970 年）
图 100　罗马，奥古斯塔纳宫，轴测复原图（S. E. Gibson 原作）

1. 巴西利卡；2. 大殿；3. 所谓家庭供奉堂（门厅？）；4. 内围廊院；5. 国家宴会厅；6. 居住区；7. 竞技场（下沉式花园）；8. 图书馆；9. 俯临大竞技场的立面

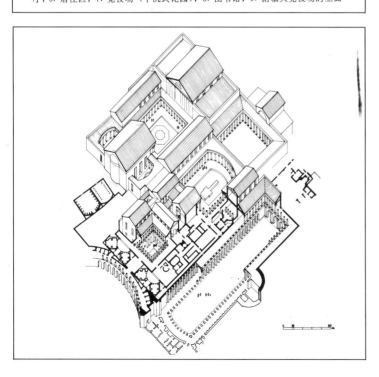

效果减到了最小程度，同时底部墙体的周圈也被这些凹室进一步划分。这些以曲线和直线形式交替出现的凹室，用突出的窗间墙框住，墙上附带凹槽的大理石柱，形成连续的半埋柱式。这里除了有尺度上可与此相比的上层柱式外，与同时代的特兰西托留姆广场的样式近乎相同。周圈凹进中有七间为门，一间是半圆凹室，其余八个为有附墙柱的神龛（可能是山墙式），装饰着神像。底部墙体就是这样由复杂的突出和凹进连接起来，明显是试图削减墙体体量和承重感。单独来说，附墙柱式、曲线与直线形式的交替使用、给建筑墙面注入活力和动感的装饰性凹槽，都没有什么新意。但几种因素综合起来看，就超出了墙体直接可见的特征，创造了一个不可捉摸的空间，并构成了向"非物质化"方向迈进的决定性一步。晚期罗马建筑师对此的运用卓有成效。

大殿的上部墙体已无处可寻，对其屋顶的形式的推断充其量只是有根据的猜测。大厅跨度很大（至少有 93 $\frac{1}{3}$ 英尺，即 28.5m），以致有人认为这是一个露天的大院子。不过宴会厅的跨度只比此处小 1 英尺，故而可以确定这个大厅不仅有屋顶而且是木结构的，因为没有扶壁的侧墙和柱子不可能承受拱顶的重量和侧推力。多数学者相信，覆盖大厅的是混凝土拱顶。然而，尽管中厅的墙壁被相邻大厅牢牢撑住，更加坚固，但是，墙体能否支撑混凝土筒拱的荷载还是值得怀疑，何况这种拱顶也不适合置于接近正方平面的房间之上。因此屋顶采用木结构更有可能，而墙体如此坚固的原因是墙高必须高过相邻大厅的屋顶，以便为中间的大厅采光。

在这些大型国立建筑中，图密善的建筑师拉比留斯将混凝土的强度发挥到了极限（在巴西利卡中甚至超出了安全极限），以创造封闭空间的宏伟效果。从形式上看，巴西利卡有为人熟知的原型，而大殿却是大胆革新的成果。宴会厅却更为守旧，其平面接近正方，为传统样式；以山墙为正面，并作为内院到大厅的通道，这一形式可在庞培和赫尔库兰尼姆的私人住宅中找到渊源。但是，这里的尺度又是空前的，大厅两侧通向两个对称布置的喷泉小院，这是将奥古斯都时代绘画中十分常见的幻觉式图景惊人地转换为真实的建筑和园林。

在喷泉小院中，还可见到另一个变革的趋势，即对曲线形式本身进

图 101　罗马，奥古斯塔纳宫，因基础
　　　　下沉而造成的墙体裂缝（局
　　　　部）
图 102　罗马，奥古斯塔纳宫，居住区
　　　　中的庭院，院中央为喷泉

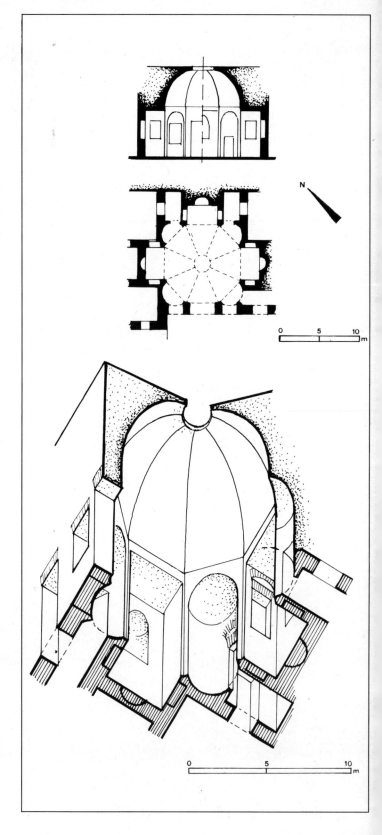

行的探索。椭圆和复杂扇形的喷池及院落更像是 17 世纪某个建筑师的作品。在内围廊院的西翼，也清楚明白地体现了相同的探索，拉比留斯在这里能够沉迷于他的想像，而不为任何实用或礼仪性的考虑所羁绊。这些房间中毫不妥协的反功能形状，即使在一代人之前也是很不可思议的。这些房间与其说用于居住，不如说是接受赞赏的。建筑外观在习惯上显然仍要求一个传统的直线形式；但在这一框架内部，平面上暗示出来的筒拱、穹窿和半穹窿的相互作用只能来源于这样一个清晰可鉴的事实：唯一限制混凝土拱顶形式的因素在于混凝土自身的强度。选择的形状再也不表现材料的结构逻辑，而是建筑师的突发奇想。

在俯临大竞技场的山头上有一处自然凹角，居住区的一部分就从陡坡高处的这个地点由平台上延伸出来，一部分切进陡坡之内。无疑正是这种地形特征使住宅设计成为一座两层建筑，并环绕着一个方形花园。今天，除了中间的喷泉之外，院子中的所有细部都已剥蚀殆尽，但似乎可以肯定，院子由两层柱廊围绕，而无论如何，其底层肯定采用了拱顶，拱被支撑在砖包混凝土墩座上。底层房间的采光靠院子或一系列竖井似的矩形采光井。上层，由内围廊院进入的入口两侧，各有一系列四个或更多的北向厅堂。这些房间可能是半公共的，因为这些房间与院子周围更私密的居住区域只有极为有限的直接联系。居住区北翼是唯一保存完好的部分，其平面一定与底层平面相当一致。整个居住区的建筑材料和技术与行政区是相同的。

这座著名建筑中的新颖之处太多，这里只能选取少数较有意义的特征加以论述。整个建筑群安排在同等重要的两层，这一事实本身就非常新鲜：并没有底部结构上的客厅楼层（*piano nobile*），而是（或者似乎是）设计了两个同等的楼层，用于不同场合和季节中。这一事实与人们全面接受混凝土新材料的形式逻辑密切相关，而这有利于立面上发生变化。在过去的一个世纪中，首都的居住建筑一直在这一方向上发展，广泛采纳了筒拱技术，从而取代了传统木结构屋顶。格里菲茅屋（Casa dei Griffi）因被埋到宫廷供奉堂台地基层中而幸运地得到了保护。这座建筑说明了这一趋势在共和国末期进步有多大。由此后城市中心区为数不多的居住建筑遗存中，我们只能就这一时期猜测，正是城市

图 105　罗马，图拉真记功柱
图 106　罗马，图拉真记功柱，描绘祭
　　　　祀场景的浮雕细部，背景中
　　　　有阿波罗多罗斯建造的多瑙
　　　　河大桥

的压力促成了更有时代特点的、严格意义上说的新建筑形式。决定性的一步很可能是在公元 64 年火灾之后迈出的，表现在灰烬上建造起来的新罗马城城市住宅中（详后）。但这一阶段并无实物遗存。正是在金宫中我们首次记录下来了居住建筑形式的演变，从松散、普遍的单层老式内围廊住宅设计演变为集中的多层形式，而在多层住宅中砖包混凝土十分光彩夺目。

在居住区，不像行政区那样需要塑造宏大的壮观景象，相反，我们看到了两种相反且互补的趋势。一种趋势我们已经在行政区内围廊院的西翼见到，也在底层花园北侧一系列房间中体现得令人叫绝。其中的两个房间覆盖着八瓣穹顶，八条边交替地与弧形和矩形的凹室相连，而矩形的凹室又有更小的弧形壁龛。这里虽然形式不同，但同样可见到对封闭空间几何特性的系统探索。本例中给人印象更深的巧妙处理是，各部分之间相互结合形成了统一的整体，足以支持相似的上层平面（只在细部上有所不同）。院子中的喷泉池和采光井则是另一种对复杂几何形式的轻松表现。另一趋势则体现在简朴、简易的功能性台阶和采光井以及中央院落中缺失的拱廊。在适度统一的基调上与其他外围部分的严格直线形式形成鲜明对照的，是对着大竞技场的向内稍有凹进的立面处理。

正如我们将要看到的，图密善在罗马的其他现存建筑，属更早、更保守的传统。在奥古斯塔纳宫和阿尔巴诺附近的别墅这两座绝无仅有的建筑中，他和拉比留斯可以自由地开发混凝土新建筑的可能性，而不受习惯品味的限制。建筑鉴赏上对等的两套标准在公元 98 年继位的图拉真统治时期继续通行。仍有许多种类的公共建筑，只适用于两种可用风格中的一种——要么是传统的，要么是当代的。

图拉真的广场和巴西利卡在很多方面是极端保守的，甚至是有意的复古。规模是全新的，在细部上也有变化，比如著名的记功柱上就刻有图拉真达契亚大捷的事迹。尽管如此，记功柱在形式上的所有新颖之处都已孕育在和平祭坛的精神之中。在规划和构造做法两方面，都是以一个世纪前奥古斯都广场中形成的形制为基础。皇权肇始于奥古斯都的元首制 (principate)，这种对元首制缔造者的怀念是用心良苦的，

图 107　福尔米亚，共和国晚期的所
　　　　谓奇切罗别墅花园中的泉厅
图 108　庞培，斯塔比安浴场平面图
　　　　（引自 Mau，1908 年）

而且显示了对特定公共建筑广场含义的感觉是多么强烈，政治含义是多么确切。像在奥古斯都时期以及和目光更为长远的后继者统治时期一样，这仍是一座传递意义的建筑。

这只是问题的一个方面。与这类公共办公建筑保守、古典化的绯丽同时并存的，还能见到图拉真及其建筑师阿波罗多罗斯在自由地沉迷于当时的混凝土语汇（只要是合适的地方都可使用）。阿波罗多罗斯接受的训练使他既是工程师又是建筑师——假如这种区分在古罗马是有意义的话。他有史可稽的作品包括铁门（Iron Gate）附近多瑙河上的一座桥，一座位于金宫基址上的大型公共浴场图拉真浴场，以及被迪奥（Dio）[①]称之为"希腊广场"（Agora）的建筑。有人认为迪奥用这个词是将图拉真广场（这也暗示着乌尔皮亚巴西利卡）和相邻的市场建筑加以区别，而图拉真广场明显的保守风格反映了阿波罗多罗斯在叙利亚的成长经历。这种观点是站不住脚的。不仅所有这些建筑明显是整体如一的有机构想的组成部分，而且，作为图拉真浴场的建造者，阿波罗多罗斯在当时是一位天生的混凝土大师。不管他的品味和才能如何多样，在混凝土方面，他与直接的前辈拉比留斯是罗马城相同传统造就的。

图拉真浴场的建成，使被人们归在"帝国"式浴场的建筑臻于成熟。罗马浴场似乎起源于公元前 2 世纪的坎帕尼亚。起初浴场用水是利用温泉，不久就发展成为以木材为燃料的人工供热系统。热空气在砖垛支撑的混凝土地面以下循环流动，随技术的不断进步，热空气沿墙体中空的套筒上升，并通过屋顶上的开口排到室外。这一系统实质上与土耳其浴室相同。逐渐升温的房间配备相应的冷、热水浴室。到帝国早期，浴场以其复杂多样的布局形式，在意大利和各行省，在各阶层民众中成为罗马文化的标志，而更衣室、盥洗室以及某种形式的健身院（exercise yard）的出现，使浴场的重要设施趋于完善。

浴场在兴起伊始就很快采用了混凝土拱顶。第一，这种材料对浴场建筑的功能来说极为实用；第二，社会上没有先例的建筑不会受到保守

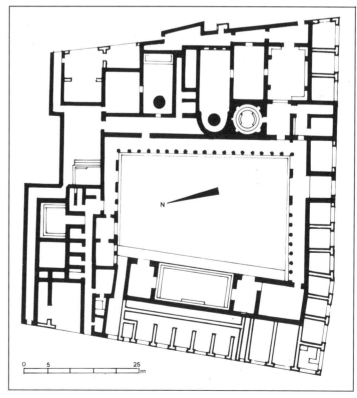

---

① 迪奥·卡修斯（Dio Cassius，约公元 163—230 年），罗马元老院议员，执政官，80 卷罗马史书的编写者。——译者注

思想的约束，而在其他有悠久历史的建筑类型中这种探索就受到了限制。从庞培的斯塔比安浴场（Stabian Baths）和广场浴场（Forum Baths）中能够看出公元前 1 世纪已取得了长足进步。与此同时，在巴亚（Baiae）的所谓墨丘利庙（Temlpe of Mercury）中，其直径达 71.5 英尺（21.5m）的温泉大厅覆盖着一个用圆天窗采光的穹隆，这说明早在奥古斯都时期坎帕尼亚就达到了很高的技术水平。

罗马在这方面是个迟到者。首都第一座公共浴室位于马尔蒂乌斯校场的万神庙附近，由阿格里帕建造。尽管浴场建筑群现在实际上只残存花园、柱廊等部分，但这也足以表明该浴场属庞培型，是由一堆不规整的、功能上的拱顶结构组成的。半个世纪以来这一直是罗马唯一的公共浴场。随后尼禄建造了令人羡慕的新温水浴室和健身房。马提雅尔（Martial）评论道："什么会比尼禄坏？什么会比尼禄的浴场好？"①不幸的是，对于尼禄所做的工作我们所知甚少，只知道这些建筑重建于公元 222 年至 227 年，由塞维鲁·亚历山大（Severus Alexander）修建；尽管其遗址由帕拉第奥（Palladio）和桑迦洛（Antonio da Sangallo）记录下来，但现在还不能断定塞维鲁在尼禄的平面中加进了多少。

合理的猜测只能是，尼禄的浴场建筑是一个按纪念性建筑设计的对称结构，如果浴场与健身房不是在结构上结为一体的话，那也是在健身房旁边。果若真如此，尼禄就又一次作出了决定性的贡献，创造了所有罗马建筑类型中最有特点，最打动人心的建筑类型，即"帝国式"大温水浴室。

由于缺乏关于尼禄建筑的明确记载，所以已知最早的此类建筑实例是提图斯浴场（Baths of Titus），最早由韦斯巴芗在金宫附近的埃斯奎利诺山坡上开始兴建，最后于公元 80 年由提图斯完成，与附近的大角斗场落成的时间相同。这虽然只能从帕拉第奥的粗略的测绘图上得知，但建筑平面的大体模样还是确凿无疑的。这是一个对称的、接近矩形的台阶状封闭空间，北半部分是浴室，沿一条南北向的短轴线上对称布置。轴线北端是三间拱顶大厅，为主要的冷水浴室。轴线南端则是伸入露天院子的主要热水浴室，这里是两个房间。而轴线南端的其他地方则是次要的热水浴室，再往后是两个带柱廊的用于健身锻炼的院子和

其他服务用房。从规模（整个围合的部分只有将近 4 英亩）和拱顶大厅的发展来说，与要赶超的巨人相比还是平凡的。不过这实质上已是一个"帝国式"平面。

图拉真浴场的建设要野心勃勃得多。该浴场建于公元 104 年至 109 年之间，基址选在金宫的居住区（该建筑因而在建成后约 40 年就消失了），占地约 23 英亩。整体布局上也是沿南北向的轴线布置。本例中，自身占地 10 英亩的浴室部分只占北部的一部分，并由此向内伸入。与提图斯浴场相比，增加的重要内容是在冷水浴室以北添建了游泳池，冷水浴室也移到了两条主要轴线交汇点。冷水浴室在建筑上和功能上都是整个建筑组群的核心。另外一个重要的变化是南立面上大胆地设了一排排的窗子，这为越来越多地使用玻璃带来了可能。还有在外围加建的一些报告厅，以及喷泉建筑、雕塑馆、图书馆和商店。原来两种不同的建筑，浴场建筑和健身房（按希腊含义，健身房是教育和文化以及健身锻炼中心）已经合二为一。继而，这个宏大的建筑群在罗马城和各行省中成为人们在社会生活中的活动中心。

图拉真浴场虽然比提图斯的浴场使用了更多的直线形式，这方面主要是受到建筑功能上的一定制约。图拉真市场是阿波罗多罗斯的另一个按当时风格建造的杰作，这里为想像力留有的空间更少。这是一座新商业区建筑，以变化多端的层层台地深入到一个陡坡之上。陡坡是将埃斯奎利诺山和卡皮托利诺山间的鞍部挖切而成，目的是为广场—巴西利卡组合体开辟一层空间。如果有人相信罗马建筑师只是对称形式的盲目奴隶，那么他就应该研究这个建筑的平面。在一些台地上的纪念性公共建筑中，轴线对称的确是期望建筑师遵从的既有惯例之一。通过培训和调整，一位罗马城的建筑师也的确可能会比一位希腊同行更倾向于轴线对称的系统规整的方案。但是，在没有惯例约束的地方，或自然环境需要松散、非规整处理的地方，建筑师能够随时适应变化，而混凝土拱顶则是在这种条件下理想的材料。

为市场选定的基址迫切要求生动活泼和富于想像的规划。实施方

---

① 尼禄是历史上著名的暴君，故有此语。——译者注

74

图 109　庞培，广场浴场，热水浴室
图 110　罗马，图拉真浴场平面图

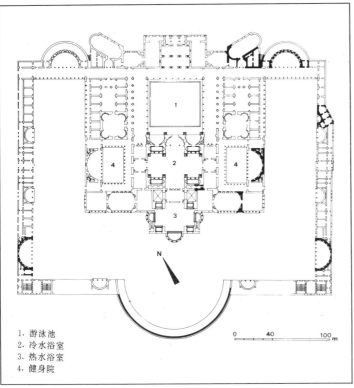

1. 游泳池
2. 冷水浴室
3. 热水浴室
4. 健身院

案设计了三条水平的或略有坡度的入口街道。三条街沿山坡的等高线设置并有台阶相连接。一条街位于陡坡脚下，依附在广场和巴西利卡的外围，半圆形的沿街立面与广场凸出的曲线相吻合。相关的建筑高两层，背靠在第二条街上。第二条街稍有上坡，处在更高一层的台地上。今天这条街演化成比贝拉蒂卡大道（Via Biberatica）。第二条街的北端是三层的市场大厅，西立面正对大街。同时沿街的其余地方的成组建筑，是一排排商店，这些商店所处台地层次不一，其中一些向外背靠中间台地。俯临大街南端的是几座三层的商店公寓综合楼，形式各不相同。楼的西立面对着第二条街，而东立面则对第三条街。第三条街在更高一层的台地上，沿陡坡而设。

在这个大组群中我们只需选取两个单元加以论述。其一是处于比贝拉蒂卡大道与广场西北角之间的组团。这是一块多边形的场地，由四面或更多的明显的沿街界面围合，并形成明确的两层。在这里而且仅在这里，为了给尴尬的场地带来规整统一的因素，阿波罗多罗斯极富创造性地在巴西利卡和广场的两个凸出的弧形立面之间设计了一个带半圆形穹顶的半圆大厅，并将这个大厅的曲线作为两块台地各个立面中部的内凹形式，这两块台地使建筑群向上、向后接近比贝拉蒂卡大道。

市场大厅本身的选址倒没有多少问题。沿比贝拉蒂卡大道有一排6个商店，这些商店建在深入到山坡中的接近矩形的平台上，形成沿街的西立面。在这块平台上建有主楼，与比贝拉蒂卡大道平行。主楼中间的大厅没有用常规的筒拱，而是用了架在石灰华支架上的6个相同的十字拱。这种布置使得两层覆盖着拱顶的商店能够结为一体。每层有6对，下层直接背对大厅，上层背对拱廊。而拱廊的功能还在于以平顶天窗的方式为室内采光。一段段台阶联系着这三层，东侧则继续向上通向貌似第四层的商店。整个组群都表现出了设计上使人迷惑的简洁性，这种简洁出自技巧纯熟的计划。这个市场直接由蒂沃利和费伦蒂努姆的共和国时期的老市场发展而来，但与那些市场笨拙的市场大厅相比，简直有天壤之别。

从构造上看，图拉真市场与图拉真浴场或图密善宫殿是同时代的。然而，当一个人步入其中时，就会立刻意识到罗马建筑等级制度中不同

的水平层次。设计的各个方面都没有涉及室内高耸空间的效果，而这种高耸的空间已见于帕拉蒂诺山上的行政区和浴场。市场建筑是相对平凡的建筑，能给人留下印象的不是其规模而是规划上的逻辑性。而且还没有任何使用单纯几何形状的迹象。相邻的广场加强了半圆的形式，同时，在比贝拉蒂卡大道和广场东北角之间建筑组团间相互关联的曲线，直接使异形基地上较难处理的立面形成了某种程度的统一感。

市场实际上是实用性的建筑组群，与此相适应，市场建筑极少的装饰与整体上简化的形式设计也是一致的。在中央半圆大厅的外部，只有门窗和阳台点缀墙面，这种构图因窗增大和增多的趋势而更为突出（这一趋势已见于浴场的南立面）。半圆大厅正对广场北角的几个大窗，占据了室内上层墙面的三分之二，北墙减少到刚好能够使框架支撑拱顶。从外观上看，这个房间的立面是设计中的点睛之笔，仅有的传统装饰是上层 3 个窗口周围不太显眼的线脚，有些像拱下门楣中心的饰带。正是这些窗口本身诉说了建筑历史。

不仅装饰极少，而且装饰的特征也截然不同。作为对相邻广场壮观奢华的让步，半圆大厅的上层窗是框在一个精心装饰的柱式之间，这在表面上与在共和国晚期和帝国早期建筑中大量存在的柱式非常相像（这无疑也是设计的意图）。不过，这种相像仅是表面上的。虽然马尔切卢斯剧场和大角斗场的柱式已是纯装饰性的，但与原来起结构作用的原物形式还是相同的，成为古典柱式和拱券联姻的产物。而半圆大厅的装饰柱式却有所不同，虽然用连续线脚松散地组合起来，呈古典柱式的外观，但是设计中的元素实际上是一系列独立的壁龛，每隔三个就有三角形山花，如此交替共形成三组，其中有一个呈低矮曲线形的单独山花，左右又框着两个半的山花。这种设计的要旨并不在从正面充分展示——今人难免会这么想——而是沿弯弯曲曲的街道从侧面局部地、含蓄而不直露地展示。这一建筑没有实际的先例可循。它来自装饰画中虚幻的建筑世界，比如庞培后期的壁画。这种想像中的建筑以实际的砖瓦构筑出来，必然存在着一定的物质和结构逻辑。公元 2 世纪，建筑上的这种新面貌逐渐在罗马和奥斯蒂亚的居住建筑和陵墓建筑中一定程度地流行开来。但是建筑中精细的浅浮雕和亲切的比例使这种建筑与砖保持着密切的关联，建筑本身就是这种关联的一种表现形式。在一

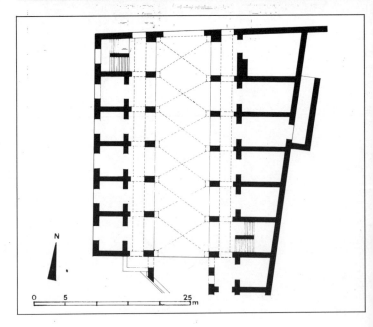

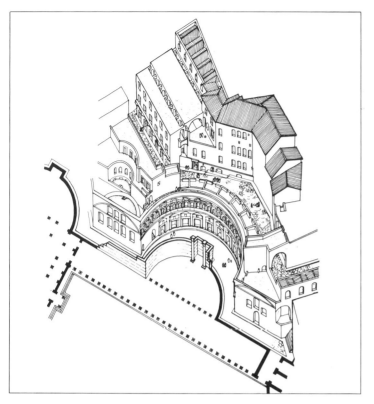

些实例中,不管砖的表面是露明还是抹灰,这种装饰总是用来加强而决不是掩盖内部结构。

毫无疑问,在图拉真市场其他部分极为简洁的情况下,正是砖的装饰作用使半圆大厅能够为人接受。砌体各部位自由衔接,门窗形成粗犷而有节奏的构图,檐口和阳台组成连绵的水平线——这些就是阿波罗多罗斯所开掘出来的,也是砖包混凝土的全部内在特质。几个世纪以来罗马一直遵从希腊建筑传统中的表面特征,现在她终于有了自己的建筑语言,并开始在实践中大胆运用。

正是在公元1世纪罗马和奥斯蒂亚的商业和居住建筑中,这种功能性的、新混凝土拱顶建筑得以形成。本章后文将再次论及此点。这里我们只需注意,在建筑的几个组成部分中,仅有一部分在公元1、2世纪之交正在快速进行新的综合。

一方面,在纪念性公共建筑中存在着古典化的保守传统,仍强有力地支配着图拉真广场和乌尔皮亚巴西利卡的观念。在宗教建筑中,这一传统尚有生命力,但在世俗建筑中,图拉真广场是罗马城中最后一组体现这种传统的大型建筑组群。另一方面,当时存在着迅速发展中的砖包混凝土传统,在这一传统内部,还可以找出几个虽已合流但仍有差异的流派。在金宫八边形大厅和奥古斯塔纳宫的很多部分中,存在对新奇空间效果变革性和探索性的寻求。为了给常见主题创造空前宏大的形式,人们戏剧性地运用了对建筑内部空间特性的新观念,如奥古斯塔纳宫的行政区域。浴场建筑将这两种趋势结合起来,并按其具体功能加以限定。最后但绝非次要的一点是,实用的世俗建筑,以其整体数量和对街上行人的直接影响,肯定是罗马建筑革命的一种动力。这场革命始于尤利安—克劳狄时期,约在一个世纪后胜利完成。集多种发展趋势之大成的建筑是哈德良鹤立鸡群的万神庙。万神庙在原有的基础上于公元118年至128年之间重建。值得庆幸的是,我们可以直接体验万神庙,而无需揣摩建筑师的初始意图。在这方面万神庙是罗马建筑中硕果仅存的建筑之一。

万神庙的外观改变最多,因而也是最没有价值的地方。今天,一个

人站在街上,几乎可以同等地感受到高大的柱廊和巨大穹顶的石作体块,但在古代,穹顶会被现已毁坏的其他建筑所遮蔽。人们从正面能看到的无非是熟悉的山花立面,这也正是建造者的原意。万神庙的正面柱高为40英尺(12.2m),材料为埃及的花岗岩,在狭长的柱廊前院远处拔地而起,与奥古斯都广场远端的玛尔斯庙的手法极为相近。带山花的门廊是传统特征中必不可少的。穹顶虽不能完全被遮住,但已被有效地推到了背景中。

当人们跨过门槛进入穹顶大厅之时,一切戏剧性地改变了。庙宇中祭坛的概念不再仅仅是僵化封闭的方盒子或圆筒子,这种概念本身就是革命性的变革。圆形大厅的第一印象,高高的分格穹顶和中央圆天窗中透进的光束,肯定会成为一种最不平凡的建筑体验。这种中央采光的穹顶是有其渊源的,如巴亚的穹顶和年代更近的罗马城图拉真浴场,但它们没有这样宏大的尺度,没有激动人心的简洁和高贵端庄的效果。

万神庙室内在形式上极为简单——一个圆柱形鼓座(直径142英尺,即43.20m),上面覆盖着半球形的穹顶,其高度与建筑的内径相等。内墙用腰线分成两份,外墙分成三份。外墙的最上一份与室内穹顶的底部相对应。内外墙的这种差异是由结构上的必要性决定的,因为穹顶的平衡需要拱肩处有较大的荷载。这也解释了穹顶的外部轮廓何以呈矮的浅碟形,这种外观显然是拱顶内部的空间造成的。周围建筑不可避免地会从属于万神庙的外观形象,这种形象像今天一样,从周围山上看是一个显著的标志物——檐口自身再加上可能存在的镀铜瓦。据说这种瓦在拜占庭皇帝君士坦斯二世(Constans II)命人将其清除之前,一直贴在穹顶的外表面。或者这些瓦只在门廊部分?在穹顶上的薄铜片(在圆天窗周围仍有遗存)似乎是合乎逻辑的答案。不管怎样,我们主要关心的是圆顶的内部。这无疑具体实现了哈德良及其建筑师的构想。

建造一个比圣彼得教堂还要大的穹顶,在任何时代都是一项艰巨的工程,承揽这样的工程,显示了工匠对材料和运用材料的能力都极为自信。在促使工程成功的许多因素中,我们要特别提到以下四点。

第一个因素在这一时期可以认为是砂浆的绝对强度。奥古斯特·

图 117　罗马,图拉真市场,带有半圆
　　　　形穹顶和八扇大窗的半圆大
　　　　厅立面

舒瓦西（Auguste Choisy）将穹顶描写成"人工的整体石块"，正抓住了这一建筑的本质。万神庙的建筑师就是要将这一因素发挥到已知的极限并超越极限。历史证明了他的正确。

第二个因素是基础的强度。这种需要是经过艰难的学习才得以明确。拉比留斯在帕拉蒂诺山上的一些建筑已经出现了危险的征兆，不得不在哈德良时期重新加固。万神庙的建筑师决心不再犯类似错误。穹顶置于一圈宽 24 英尺（7.3m）、深 15 英尺（4.5m）的坚实的混凝土基座上，在修筑过程中又在外圈增加了向心的条形底脚，因而得到进一步加固。

第三个因素是按自重和受压强度进行骨料级配。基础用石灰华，鼓座下部各层交替使用石灰华和凝灰岩，鼓座上部以及分格穹顶的最下两圈单用凝灰岩，第三圈相应地采用空心砖（tile）和凝灰岩，而在此之上则仅用轻质的黄色凝灰岩和浮石。在拱顶的最高处，每单位体积的重量差不多是底部的三分之二。围护结构的厚度在拱肩处为 20 英尺（约 6m），顶部为 59 英寸（约 150cm）。据估算，通过这些措施，整个围护体上的弯矩大体相同——这是保证建成结构稳定性的重要因素。

第四即最后一个因素是在鼓座上精心布置了很多小洞。除了便于干燥墙体内部大量的混凝土之外，这些小洞还可减轻砌体的巨大重量，尤其是在施工期间，可以减小门洞上和七个凹室顶上的荷载。这些凹室呈放射状排列，是室内装饰中的重要因素。同时，在砌体的外表面上十分明显的因素暗拱以及面砖水平层的自由运用，也起到了辅助作用。

另外，还有两个方面也值得讨论，即设计中的比例和象征以及室内装饰。

从文学作品中的描写及相似的建筑实例中可以看到，有一点非常明显，即在决定古典建筑设计的因素中，比例和象征通常起到实质性的作用。而象征尤其体现在直接或间接地具有宗教性质的建筑当中。我们已经看到，在图密善的宫殿中有半圆形凹室和穹顶，是宫廷中与宗教有关的礼仪场所的一部分。万神庙基本构思中的宇宙象征含义，或者将

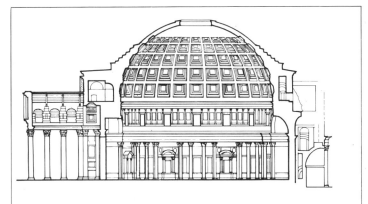

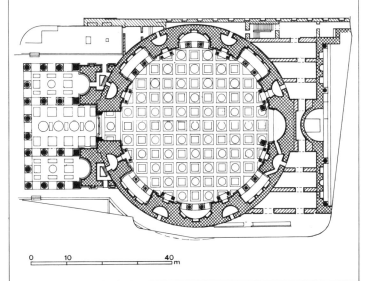

图 120　罗马，万神庙剖面图和平面　　　图 122　罗马，万神庙的穹顶
　　　　　图（引自 Boëthius 和 Ward-　　　　▶
　　　　　Perkins，1970 年）
图 121　罗马，万神庙立面

室内空间平分为八等份的大门和七个凹室的象征含义,几乎无可置疑。除此以外的说法,几乎不可避免地陷入臆断。很多人认为,一旦基本形式确定下来,其细部的设计则基本取决于更严格的建筑和构造上的考虑(这种考虑或许也会反过来在建筑的柱式和装饰中赋予象征意义)。有些建筑严重依赖于使用基本单位的倍数,即模数,或者依赖于由此而生的几何派生物。在这种建筑中,维特鲁威提出的与比例有关的法则就会自然涌现。维特鲁威(在一个很不同的语境中)确切地描写了万神庙的建筑师推敲平面布局的情况。他相继将内圆的周长平分为 4、8、16 和 32 个对称的小份。用一个十分明确的例子来说,在立面中,从下层柱式的檐口到穹顶最高点的距离与同一圆的内接正方形的边长相等,这绝非偶然。

这种主要尺寸之间的关系是充分可信的,这也是罗马建筑师受到的训练所造就的。主要的竖向尺寸一定在开始就已确定,而随着建筑一点点加高,许多细部尺寸可能是临时凑成的。除此之外,任何人都可以拿着直尺和圆规找到各种数字上的其他的巧合,这些巧合可能有,但也可能没有什么意义——多数情况下并没有意义,除非是模数制的附带产物。为何选择 28 作为穹顶每圈分格的数目?这是一个至今没有得到满意解释的特征。是建筑师的老练使他将节奏微妙地从 8 转为 7,以强调鼓座和穹顶之间的形式上的分离吗?不管有意无意,结果就是这样,加之穹顶的中央采光,这就是穹顶何以轻飘飘浮在观者头顶的原因之一。

对学习罗马建筑的人来说,万神庙一定占据着核心地位。不管从何种角度看,万神庙不仅是古代伟大的建筑之一,标志着混凝土拱顶建筑时代的到来(混凝土拱顶建筑是罗马对欧洲建筑史独一无二的贡献),而且,我们在这座建筑中所看到的几乎与罗马人当时所看到的一样多。多亏万神庙在公元 608—610 年期间被改作教堂,才得以幸存。又因为万神庙不易遭到像许多传统巴西利卡式教堂那样的改动,所以该庙遗存至今而形式上却依然故我。穹顶内部的装饰现已缺失,可能是在带有线脚的抹灰框架内的金属玫瑰花饰,而且全部镀金。而上层柱式的大理石饰面被教皇本尼狄克十四世(Pope Benedict XIV,1740—1758 年)更换了,其中一小部分最近已恢复了原貌。然而,在其他方面,包括华丽

图 123　罗马，万神庙室内

的大理石地板和大理石柱、神龛、下层柱式饰面，均是一仍其旧。

　　为了理解这意味着什么，只需将万神庙与当时可相提并论的建筑加以比较即可，例如卡拉卡拉浴场的热水浴室或海伦娜墓（Mausoleum of Helena）。这些建筑如今仅存主要构架，人们依照品味的不同，可视为浪漫的古迹、罗马建筑技术的教材，或以此为依据进行繁琐的复原推测。而在万神庙中，我们可以即时地用自己的双眼看到这座建筑的光线、色彩和空间究竟如何。

　　回顾了公元前 2 世纪到公元 2 世纪上半叶罗马混凝土建筑发展的历史之后，我们大致可区分出两大阶段。在第一阶段，建筑师主要关心的是使早已深入人心的建筑观念更加多快好省地得到实施。形式的变革主要局限在实用性建筑和商业建筑（如港口、仓库、高架渠）等领域中，而且掩盖在正统古典主义的饰面之下；后来，这些变革又应用在社会中相对新颖的公共建筑中（圆形剧场、罗马式剧场、浴场）。新技术已大量用于实践，但混凝土能够塑造的形式尚未被充分接受，更少理解和运用。

　　第二阶段，我们称为罗马建筑革命（Roman Architectural Revolution）。这一阶段的不同之处既在于人们越来越意识到这些新形式的可能性，还在于人们越来越愿意利用新形式去创作建筑，这种建筑不仅高效且造价低廉，而且在特性上与任何先前的建筑迥然不同。从建筑形式上说，这种区别涉及人们对作为可用媒介的空间的清晰认识；同时还涉及人们对混凝土的认识，这种材料能以多种形式成为围合空间的围护结构，对此没有或很少有建筑先例。是奥古斯都时代的哪位或哪几位建筑师首先清晰地认识到这些新概念，我们不得而知，但我们的确拥有许多最早体现新概念的罗马建筑实物遗存。从结构上和美学上说这都是一个在建筑上高度冒险的时刻。或许可以说，从尼禄的金宫到哈德良的万神庙这 60 多年的时间改变了整个欧洲建筑的面貌。

　　促使这一革命成功的因素是建筑技术上的明显进步。如果要充分理解罗马建筑的成果，就必须也同时了解罗马工匠完成建造任务的一些情况，这就要相应地了解工匠的日常工作。以下我们将讨论这些方面。

罗马人并没有发明石灰砂浆。他们的贡献是认识到，用形似砂子的火山灰这一拉丁姆和坎帕尼亚地区富产的材料代替普通砂子，可以配制出一种具有空前强度的石灰砂浆。罗马混凝土之前的二百年历史，大致是　代代的工匠们对这种材料某一方面特性的利用。由于他们对相关化学过程缺乏了解，因此只能靠试错法来掌握技术，而形式上的变革只能在既有建筑实践体系中发生。有时进展极为迅速，比如埃米利亚仓库或普拉埃内斯特的福尔图纳圣所。而在相反的情况下，不管是因为承建者的无能还是有意忽视，也存在名声不佳的例子，如由阿格里帕于公元前 33 年兴建的高架渠。这条渠的大部分区段在建造期间的 10 到 20 年间不得不重修。但是，在为数众多的建造工匠还不能充分理解这种材料特性的情况下，这种差异也是必然的。到公元前 2 世纪，在能工巧匠手中，罗马混凝土从初始时用作传统砌体内芯或背后的填料，已经发展成为一种具有独立地位的建筑材料，可以构筑墙体和简单的拱顶。

在独立的墙体中，混凝土之外总会包砌面层。起初，面层材料与墙芯骨料用料相同，几乎一成不变。学者们主要关心的是这种面层装饰的后续发展，它非常自然地成为对相关建筑断代的最好指南。科萨的原始砂浆碎石中的不规则石块，是发展到毛石乱砌法这一拉丁姆大型共和国圣所典型特征的自然环节。在罗马，因为有更软、更易于加工的凝灰岩，这种乱砌法变得渐有章法，不知不觉中发展成方石网眼砌法（network masonary），最早实例见于庞培剧场（公元前 55 年）。这种网状图案可以结合凝灰岩小方块（tufell），或者砖，形成混合砌体。在奥古斯都和提比略时期，砖砌体开始成为独立的面层材料，起初利用错缝的面砖，但不久后就用特制的平砖。近卫军营房（公元 21—23 年）是新时尚的先锋作品。当时也存在早期式样的延续及回潮，例如蒂沃利的哈德良别墅中的网眼砌法。但是，除了层层交替使用砖和凝灰岩小块的趋势愈演愈烈之外，直到古代晚期，砖砌体一直是首选的面层处理方法。

这些面层处理式样就是在意大利中部得到广泛应用的方法（在各行省中也有很多相应的实例）。今天，只要将其原有表皮上的石膏或大理石清除掉，这种砌体的本色就暴露无疑。可是，从构造的角度看，只有砌体芯层本身质量的提高，才代表了有意义的进步。这里，罗马混凝

图 127　奥斯蒂亚，凝灰岩网眼砌法
结合层砖的砌体

土的相似性极易产生误导。除了在一些例外情况下（如基础的水下部分），砂浆和碎石像现代混凝土一样是不加区别地浇筑；而在一般情况下，碎石是用手一层层粗略地码好，同时加入大量砂浆。正是一层层石子的砂浆使之互相结为一体，构成了建成砌体的强度。这里，从一个阶段到转入另一个阶段的时候，即搭好脚手架和立好模板之后，出现了真正的麻烦。这一问题直到共和国晚期仍困扰着工匠。庞培的角力赛场（Palaestra）以及普里马波尔塔（Prima Porta）的利维亚别墅（Villa of Livia）是两个说明其难度的现存实例。直到采用砖作为标准面层材料后这一问题才迎刃而解，一层层的大块面砖可谓一举两得，既为每阶段砌体加上了面层，又为工匠提供　个好的工作面，为下一工序作准备并找平。

　　拱和拱顶存在着类似问题。帝国早期时许多工匠为求安全仍喜欢让最底一层骨科按放射状排列，就像传统的砖券或砖拱一样。在意大利中部，直到公元1世纪上半叶，起拱时才将拱券放置在与支撑墙体相同的水平面上。成活后，拱的形状取决于支撑拱的木制模架，而且一旦成活，拱的稳固就依赖于混凝土成分之间胶结的整体性。这种拱常有砖肋，因而可能给人一种错觉。这种肋在大角斗场中已尝试性使用并在古代晚期越来越普及。可是，在仔细观察之下，这种肋并没有独立的结构作用，是混凝土围护结构层层砌筑同时砌成。因而肯定是用于找准曲线，并同时将混凝土流体分成小块，使之更容易控制。

　　拱顶中属于古代晚期的其他改进表现在，为减轻拱的自重，在拱肩部分加入中空的大罐子，比如海伦娜墓和马克森蒂乌斯竞技场（Circus of Maxentius）。有的使用相互咬合的中空管子以组成自撑式内部骨架。这种构造源于极少用木材作模板的北非，在公元4世纪前似乎尚未传到罗马城。在意大利，另一项迟到的技术是砖砌拱顶，早在公元2世纪小亚细亚就已经使用。

　　混凝土砌体的结构实质与其外观的差异极易产生误导。与门窗洞口如影随形的砖砌暗拱用于减除直接作用于开口处的荷载。在小尺寸墙体中（不超过2罗马尺厚），由于暗拱可以贯穿整个墙厚，因此在这个有限的意义上说，多数暗拱是有结构意义的。如奥斯蒂亚的卡皮托柳

图 128　奥斯蒂亚，砖砌墙体，远处是
　　　　方石网眼结合层砖的砌体
图 129　奥斯蒂亚，砖的成层砌法，带
　　　　有装饰性砖缝

姆神殿，外墙上的暗拱就反映了圣堂室内凹进处的情形。而在大尺度墙体中，暗拱往往是纯粹的表面文章，只与外表面有关而没有延伸到砌体的内部。但万神庙中的暗拱在这方面却是个例外。

只有回忆起上文所述的一个事实，所有这一切才能够理解。那就是虽然建成之后墙体的芯层比面层更起作用，但面层在实际砌筑过程中却十分重要。只有通过砖面层的砌筑，工匠才能准确地控制工程中的横竖构件并处理门窗等部位。而且，从外到内的构筑方法，使砖面层本身作为框架既塑形又容纳了砌体芯层，既可以精确施工又将木模板用量减少到最小。在拱券的建造过程中，砖拱架实际上起到了一部分结构作用。只有在混凝土墙芯最终凝结之后，砖砌体才失去了结构意义——在任何固定的情况下，拱券的竖向连接成为主要的缺点和隐患。

罗马建筑工匠总是为节省木材而高兴。多样的拱顶或拱券只能在一大片笨重的脚手架上建造，而分格拱顶的构筑则是在一系列精确制作的木制支架上。但少数拱券的浇筑是置于轻质的木模板中，或者置于木板上的面砖中；而木板又支在拱架上，拱架则放在插入起拱线处的木料上。在加尔德桥（Pont du Gard）中，木板则支在特制凸起处或壁架上。基础常建在用木材撑开的壕沟，而竖起的墙体却只需用一小部分轻便脚手架来支起砌砖用的平台。墙上用于支撑平台短木的脚手架孔是罗马各时期砌体的特征之一。

我们今天所理解的有比例尺的图样，在这些大型罗马拱顶建筑的建造工匠中尚未使用，他们有能力而且的确进行过精确地测量，也确凿无疑地使用了平面图。他们平面图绘制得相当细致，并以罗马尺进行标注（在各行省，标注的单位则是其他合适的度量单位）。为了让业主了解建筑建成后的形象，他们也绘制建筑画，偶尔也会制作模型。但是，他们是否绘制有比例尺的立面图，工匠是否会使用这些图纸，的确值得怀疑。主要的竖向尺寸当然会事先估算；建筑师一定也谙熟给定立面的总体关系，包括拱顶、采光和排水等事项；用于拱顶模筑的模板也准备就绪；在建造过程中，一些细部大样则足尺绘出，以辅助雕刻匠和工匠。这种细部大样的现存实例，是卡普亚（Capua）的圆形剧场的一个拱券大样图，该图刻在附近拼接在一起的铺路石板上。但是，像很多中世

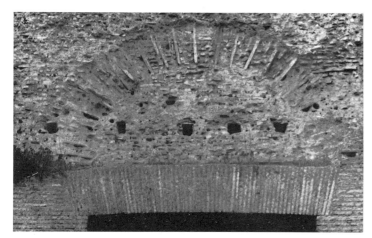

纪建筑一样，工程的大部分都留待工匠的技艺和经验来处理。有一些地方是要求用坐标定位的，如柱廊额枋或者拱顶起拱线的取平。但是，能够利用简捷的办法取得这种效果，则是罗马建筑的明显特点之一。在依赖于光和色的建筑中，并非在每一阶段都需要严格的精确，掌管每个工种的专家利用其良好经验就能解决很大一部分问题。

　　这种专家有很多。将大任务分割成小块不仅是传统的管理方法（如在军事建筑中普通的做法一样），而且，正如在讨论大角斗场时常看到的，罗马手工技艺在各个层次上都有专门化的强烈倾向。一般来论，不能指望一位普通的石匠会做大理石的石活。而对掌管任何一个建筑施工队伍的建筑师而言，其主要任务之一肯定是将劳力组织起来，减少因重复劳动、时间浪费而造成的耽搁。除了建筑师本人和他直接领导的测量人员、机械操作人员和一般助手之外，任何大建筑工程都会涉及石匠、砌砖工、木匠、搬运工、铁匠（维护工具并向石匠提供铁件）、管道工、雕刻工和大理石工、抹灰工、马赛克工和为数众多的不熟练和半熟练的劳力，他们在主管工匠个人的指挥下工作。我们时而会在文献资料中窥见这些劳力的情况。比如弗龙蒂努斯（Frontinus）关于终身奴隶的报告中就记述了他本人作为图拉真的督管员监管奴隶为罗马供水的情况。从个体工匠的墓碑可了解到这些技术都是家传的，父传子，主人传给奴隶或自由民。另外一个培训和补充建筑工匠的好地方是军队。年轻的维特鲁威曾在后来成为皇帝的奥古斯都的军队中维护军事设施，而阿波罗多罗斯似乎是因为给图拉真军队架设了多瑙河上的桥梁而一举成名。能够组织和管理人数众多、分工各异的劳动力是一种天赋，否则任何大建筑项目的建筑师都不会成功。

　　对于手工艺的专门化及其合理的组织，我们还须补充罗马营建活动中系统、有序的材料供给情况，其中很多材料是标准化和预制化的。台伯河下游曾长期盛产面砖，随着狭长的瓦状砖成为混凝土极好的装饰面层，这种产业很自然地取代了另一种砖的生产，那些砖有系列标准尺寸，多数是以罗马尺的简单倍数为基础的。当时有往大块砖面上做印记的习惯，内容含有所有者的姓名，并常常附带制砖作坊的名称和生产日期。由此，我们得以详尽地考察这一产业的历史。我们注意到，在公元1世纪制砖业仍多数为私人所有时，就存在着从供应有限市场的小

规模生产过渡到大规模工业化生产的趋势。在尼禄时代以后的罗马城和奥斯蒂亚城中，大型皇家建筑和居住、商业建筑的工匠可以定制任何数量、任何尺寸的材料，且保证迅速送货。

大理石的情况也是如此。大理石在共和国时期从希腊传到罗马时，数量相对较少，而且是私人或城市所有的采石场生产的。卡拉拉采石场的启用使供应罗马的白色大理石猛增。吞并埃及（公元前 30 年），带来了装饰石材的充足供应和古老手工技术的专门化，说明了国有和国营的优越性。提比略接管了帝国中的主要矿山和采石场，他及其直接继承者激进地重新调整了整个生产和供应的体系。希腊时期客户和采石场间直接的关系，已被取代为新的体制，这就是我们开始见到的大批生产，然后在采石场小仓库以及罗马大港口的大理石储运场（marble yards）中贮存起来。罗马主要的大理石储运场坐落于台伯河边，阿文蒂诺山（Aventine）脚下。19 世纪在这里发现了数以百计的粗大理石和石柱，其中，许多刻有说明文字，这是我们了解这一贸易的主要史料来源之一。

帝国的大理石贸易的主要特征是这样的：在数量有限的几个优质石材产地进行大批量生产，在运输上尽量发挥水路运输的优势；使一些尺寸标准化，主要是那些一体性的柱子；采用实质上的预制方法（石棺、柱子和其他建筑构件）。万神庙门廊中的柱子就是按标准尺寸（40 英尺，即 12.2m）准备的两个品种的埃及花岗岩。马尔蒂乌斯校场上的纪念安东尼·庇护（Antonius Pius）[①]的建筑，在公元 161 年使用了一根高 50 英尺（14.85m）的同样材料的柱子。该石料是在公元 106 年采掘出来，并一直保存在大理石堆场中的。在决定更换柱廊东侧的缺失柱子时，有三根 40 英尺高的柱子可供选用，已知其中两根柱子是从塞维鲁·亚历山大浴场（Baths of Severus Alexander，222—227 年）废墟中取来的。甚至是万神庙这种尺寸的建筑也有可能一部分采用了贮存的石料。

① 安东尼·庇护（公元 86—161 年），罗马皇帝，公元 138—161 年在位。
  ——译者注

大规模生产、有组织的市场、不断积累的贮存、品质和尺寸的标准化、实质上的预制法以及在付出昂贵代价后建立的相应的经济制度——这些都有一个现代的光环，说明了罗马在建筑上主要成功秘诀之一。只有在这种对重要材料进行有序生产和供应的基础上，才有可能在10年之内（在公元118年和125—128年之间），取得万神庙那样的建筑成就，才有可能在8年之内（在公元298年和305—306年之间）取得戴克里先浴场（Baths of Diocletian）那样的成就。

在结束关于新罗马建筑诞生的论述之前，我们还要简单看一下在纪念性建筑出现的同时，在居住建筑和实用建筑上的变化。这里我们选取两个建筑群，它们代表了发展中的两极：哈德良在蒂布尔（蒂沃利）的奢华乡村别墅，以及帝国早期重建的罗马港口城市奥斯蒂亚。

哈德良的别墅既令人神往，又引人入胜。作为一种建筑概念，这座建筑代表了奢华的乡村别墅长久发展的结束。那些乡村别墅包括奇切罗的朋友们及其同时代人的海滨别墅、奥古斯都和提比略在卡普里（Capri）的别墅、尼禄在安齐奥（Anzio）和苏比亚科的别墅、图密善在阿尔巴诺的别墅——所有这些都是精心营造的风景优美的建筑群，其中包括住宅、避暑别墅、浴场、图书馆和雕塑馆、小庙宇、风雨宽廊（sheltered promenade）、池塘、规整的花园和雕塑。无论在社会关系上还是在形式上英国18世纪的乡村住宅都与此十分相近，其中有湖面、坦比埃多（tempietti）、喷泉和华而不实的大建筑、规整的花园和林园（parkland）的交替出现、精心设计的对景（vista）等。

对公元2世纪的罗马人来说，这些已经是陈词滥调。而新颖的和真正属于那个时代的建筑，是大多数的单体建筑。这里我们遇到了一种像罗马特征一样的悖论情况。作为一种设施，罗马别墅本身就是个悖论。对于自然风景的感情是罗马品味中最地道、最令人喜爱的品质。而别墅是富人的一种设施，在其中既可享受乡野风光又可享用城市文明提供的一切舒适品。在哈德良别墅中，这一悖论由皇帝艺术个性中的矛盾混合而成，这种个性试图调和对希腊崇拜的热情和对非常专业地表现了那个时代建筑思想的建筑的感情，不管这种建筑有多么古怪。例如，卡诺普斯〔以亚历山大附近的大型塞拉皮斯圣所（Sanctuary of Serapis）

命名〕就是倒映在运河中的精心设计的景观性瀑流。其建筑构造和细部是当时最新、最好的，包括马赛克装饰的"西瓜"或"南瓜"大穹顶（"melon"or"pumpkin"vault），由直、曲相间的九瓣拼成。另一方面，雕塑似乎只有希腊和埃及化的希腊化作品的优秀摹制品，其中有一套伊瑞克提翁神庙女像柱惟妙惟肖的仿制品（在文字记载中，女像柱的最后一次出现是在奥古斯都广场的侧翼柱廊中）。在整个别墅中，建筑和装饰建筑的雕塑属于两个不同的世界：雕塑是乏味、折衷的学院派的产物，自共和国晚期兼容并蓄以来进步缓慢。而建筑中洋溢着先锋式样的活力和创造力，从所借鉴的古典主义中挣脱出来，带来了如下相关的装饰艺术：马赛克、抹灰和彩色大理石。在公元2世纪早期的受过教育的罗马人中，建筑和"艺术"仍处在两个分离的层次中。

从建筑上说，正是这些建筑先锋的一面真正决定了（按我们的目的来说也是限定了）其意义，是先锋运动使之到达了终点。在过去的100多年中，罗马富人别墅是新思想的温床。尼禄对金宫的规划无疑受到以前的安齐奥和苏比亚科别墅的决定性影响。但到哈德良时期，新的建筑观念已得到普遍接受。后来的发展不再是新鲜的尝试，而是长期和平凡的吸收与巩固的过程。

正如对这种探索性想法的充分表达造就了罗马建筑革命，我们必须看看哈德良的别墅，关注其令人着迷的精湛技艺、对空间和色彩性质的盎然兴趣、对曲线形式的偏好等。曲线形式是最需要说明的。这种形式早在别墅的第一阶段，即公元118—125年间，就可在皇帝退隐岛屿住处，即所谓海上剧场（Teatro Marittimo）中见到，在10年之后（125—133年）的德奥罗庭院（Piazza d'Oro）和西宫（Western Palace）即学园（Acadmey）中，更成熟的楼阁（pavilion）中也可见到。这些楼阁不可能是拱顶，但在上部结构中可能用了某种轻质材料。德奥罗庭院的楼阁位于两个长轴的交汇处，由三个喷泉小院从三面围合。它那光与影、凸凹曲线的交替对内围廊院中朴素的线条很有效果，其中楼阁是视觉中心。

在内围廊院的另一端是一个门厅（vestibule），其内部的格局我们已在图密善的宫殿中熟悉了。平面是一个内切于正方形的八边形，外接

91

八个直线和曲线形式相间的凹室。其上是个"南瓜"拱肋，交合成一个整体的穹顶，并挖出一个圆天窗。前厅的新颖之处是外周的正方形被去掉，从外部暴露了角部的凹室。这是非常新颖的。在建筑的外部形式表现内部形式方面，他们还有很多路要走，但至少已在这一方向迈出了尝试性的一步。

罗马的港口城市奥斯蒂亚与哈德良的别墅相比处在社会尺度的另一端。罗马城的居住区和商业区都被后来的建筑湮没了，但奥斯蒂亚实际上已在古代晚期就被弃置不用了。被发掘和保护起来的街道和公寓、办公室和仓库一直遗存至今，给人以新罗马居住建筑的形象，栩栩如生，令人深信不疑，就像庞培和赫尔库兰尼姆一样。不过，这两地所代表的意大利旧式城市建筑已为奥城的新形式所取代。

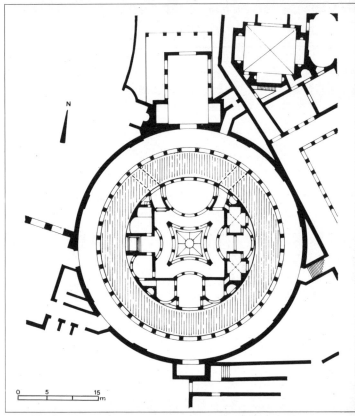

最有影响的因素之一就是不断攀升的地价。城市人口的激增，不再有老式罗马传统中松散的单层建筑发展的空间。即使在意大利行省，在庞培和赫尔库兰尼姆的建筑中，我们已看到一种明显向高处发展的趋势，出租有利可图的沿街门面作商店，在天井周围加建多层房子。首都的压力则更大。旧罗马城一直就因拥塞、狭窄弯曲的道路和摇摇欲坠的多层出租住宅而名声不佳。公元64年的大火将大部分建筑化为灰烬，而正是因为尼禄乖张的秉性使他看到并抓住了机会。新罗马城从灰烬中重新站立起来，而罗马实质上也已是一个用砖包混凝土建成的城市。

除了罗马港口在古代晚期向北迁移 2 英里时，有一定数量的单体建筑重建之外，今天所看到的奥斯蒂亚实际就是公元 1 世纪末到公元 2 世纪时期的样子。从规划到建筑都真切地反应了公元 64 年大火后罗马采用的规则。在新罗马城中有两侧建有柱廊的宽阔、规整的街道；易燃的材料受到严格限制；每座建筑与相邻建筑在结构上是分离的，所有建筑的高度都不能超过 70 英尺（20.8m）。对罗马城来说，在充分落实这些城市规划方面的好规则上，既得利益（在历史上不是第一次也不是最后一次）的影响似乎太强烈了。在公元 200 年后不久刻画在大理石上的罗马平面中那些规整的街区是一些例外情况。而在奥斯蒂亚的大部分地区却确确实实地反映了这样的格局，其中的建筑也确切地表现出

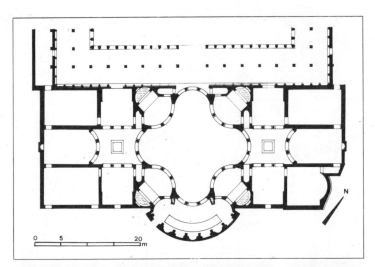

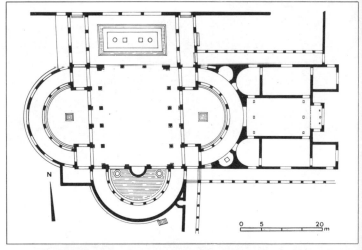

图 145 蒂布尔（蒂沃利），哈德良的
别墅，大浴室。图为拱顶抹灰
的残迹，墙面饰以大理石

图 146 蒂布尔（蒂沃利），哈德良的
别墅，哲学大厅和波伊基莱
柱廊

图 147 蒂布尔（蒂沃利），哈德良的
别墅，波伊基莱柱廊的中央
墙体。这是两道柱廊，用于全
天候运动健身。墙上的水平
槽是剔除混合砌体中的砖层
而留下的

图 148 蒂布尔（蒂沃利），哈德良的
别墅，奥罗庭院，楼阁一侧的
细部

图 149 蒂布尔（蒂沃利），哈德良的
别墅，奥罗庭院，通过楼阁向
西北看

图 150　奥斯蒂亚，城市西部的一个
　　　　主要的居住区（第三区）（引
　　　　自 Calza，1953 年）

1. 三窗住宅 (House of the Triple Windows)；2. 绘画拱顶住宅 (House of Painted Vault)；
3. 诗人公共住宅 (Insula of Muses)；4. 公园中一组标注公寓的局部；5. 上有公寓的商店
店铺；6. 仓库；7. 商店店铺

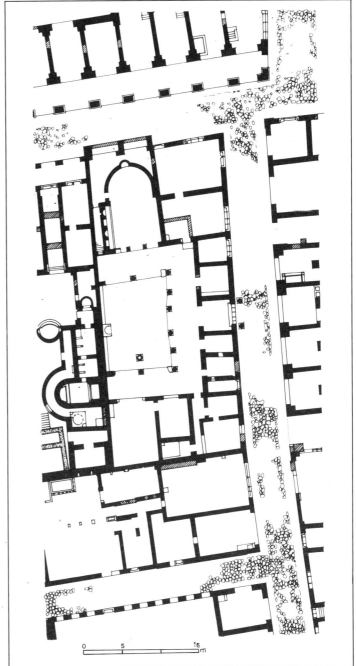

图 151 奥斯蒂亚,卡皮托柳姆神殿, 圣堂的东墙。墙上的暗拱表 明了室内的凹进

图 152 奥斯蒂亚,福尔图纳住宅 (House of Fortuna An- nonaria)

图 153 奥斯蒂亚,福尔图纳住宅平 面。公元 2 世纪末叶, 4 世纪 重建(引自 Becatti, 1948 年)

图 154　奥斯蒂亚，卡皮托柳姆神殿

图 155　奥斯蒂亚，丘比特和普绪克
　　　　住宅（House of Cupid and
　　　　Psyche），彩色大理石铺地
图 156　奥斯蒂亚，丘比特和普绪克
　　　　住宅平面。一座小巧而奢华
　　　　的私人住宅，约公元 300 年
　　　　（引自 Becatti，1948 年）

大致统一的处理,在这种规整的规划中进行设计建造,人们也期望这样的建筑。

　　这种新城市建筑中的主要因素有三个。一是店铺（taberna）。此系地中海地区古老建筑类型在当时的翻版,是一间商店或作坊,直接沿街。二是共和国时期罗马木结构沿街柱廊的新式石砌翻版。三是一种可与现代单层公寓相比的居住单位。这些单独的因素按不同方式结合起来,可以满足大多数情况的需要,除非是在繁忙的商业社区中特殊的居住和使用要求。

　　我们已经在图拉真市场中遇到过沿街店铺,对外直接临街或向内对着院子或有顶的大厅。店铺通常建有木阁楼,由单独的窗户采光,有木梯相通。相信很多手工业者或商人就住在他们工作的地方之上。在社会尺度的另一端,仍有少数传统的单一家庭住宅（domus）的实例,但绝大多数中产阶级市民都住在公寓里。一些公寓建在商店之上,从街上有单独的入口和楼梯进入。很多公寓集中在一个多层的公寓楼上,商店在沿街底层,中央院子中有一个或多个楼梯通向设备齐全的公寓各层。从表面上看,这种公寓与中世纪意大利的府邸（palazzo）极为相似,但事实上有重要的区别。这种公寓大院不是一家独占,而是多家共住,因此没有客厅楼层,底层出租用于商业而不是马厩和贮藏室。公寓大院更像是现代意大利的 palazzo。

　　同样的形式几乎不需大改就能满足城市中的许多其他要求。市场建筑、仓库、商人行会的办公室、消防队总部,所有这些都可以用极为相似的语汇表达出来。还是有几座古老式样的古建筑,也有一些公共建筑的局部残迹,从中仍可见传统古典特征。但在这里表象和实质是正在迅速地分离的伙伴。在卡皮托柳姆神殿(约公元 120 年)这样的建筑中,只有门廊的柱子、檐部和厚实的门框部分是实实在在的大理石。其余部分虽然表面上包着白色大理石,但实质上由砖包混凝土构筑,就像今天所能看到的那样。一位古代的罗马人是不会看到砖砌体和暗拱的。在万神庙中,砖墙和暗拱是很突出的特色,但这只是室内雕像壁龛在构造上的副产品。

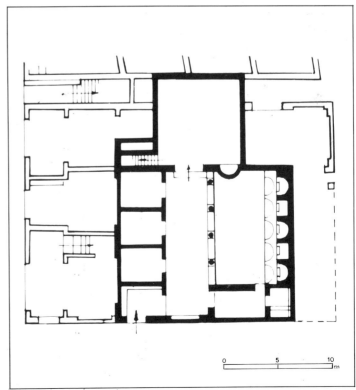

图 157　奥斯蒂亚，消防队总部平面
　　　　（引自 Crema，1959 年）
图 158　奥斯蒂亚，河边的商业区局
　　　　部（第一区）

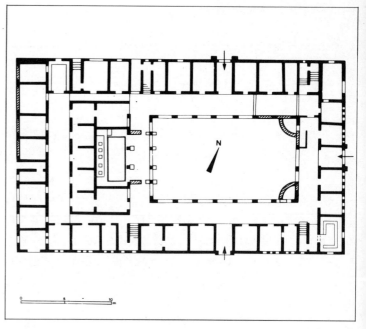

　　结果，实际上属于那个时代的建筑就产生了。这种建筑决定于功能胜过决定于传统；在效果上，依赖于标准材料、简洁的设计和稳妥的规划胜于依赖于技能。装饰是有节制的：随处可见的门或砖墙上的装饰性凹进，或是偶然出现的拱券周围或连接立面的带饰。比如在图拉真市场中，现在的立面上最明显的要素是门窗和浅浅挑出的阳台。窗户是和平时代的产物，也是有显著变化的地方。古老的庞培单层住宅中不开窗的外墙和内向的房间已不见了，取而代之的是奥斯蒂亚外向的公寓。窗户可采用百叶窗或越来越多地使用玻璃，给这些建筑带来了惊人的现代面貌。古典传统中体块和空间的生硬交替已由自由组合所代替。这些加强了这种印象。另一个重要的进步趋势是越来越多地使用砖拱，如在马车夫住宅（House of the Charioteers）和其他实例。到公元 2 世纪中叶，奥斯蒂亚的居住建筑已预示了古代晚期建筑中许多正统形式。

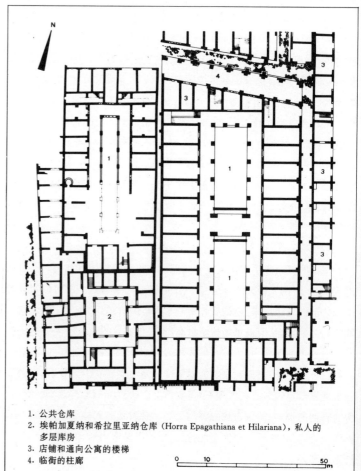

1. 公共仓库
2. 埃帕加夏纳和希拉里亚纳仓库（Horra Epagathiana et Hilariana），私人的多层库房
3. 店铺和通向公寓的楼梯
4. 临街的柱廊

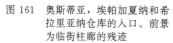

图 159　奥斯蒂亚，马车夫住宅内院
图 160　马车夫住宅南立面
图 161　奥斯蒂亚，埃帕加夏纳和希拉里亚纳仓库的入口。前景为临街柱廊的残迹
图 162　奥斯蒂亚，戴安娜住宅

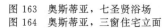

图 163　奥斯蒂亚，七圣贤浴场
图 164　奥斯蒂亚，三窗住宅立面

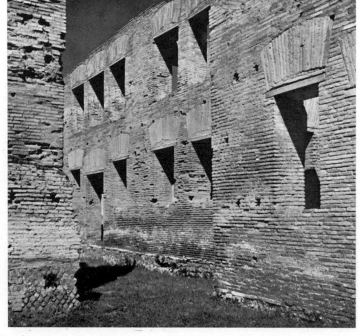

第四章　意大利北部和西部诸省

到目前为止，我们一直在讨论的建筑仅限于罗马城及其相邻的意大利中部地区。而罗马城还是一个从大西洋绵延至幼发拉底河的大帝国的首都，尽管本书的主要目的是说明罗马对古典建筑遗产的贡献，但也应该明确，罗马诸行省中的各式建筑与罗马城建筑的主流发展，在不同程度上相互反映着彼此的发展。忽略了这一点，就会引起误解。

要想言简意赅地说清楚这种内在的复杂现象并非易事。是以时间为序还是按地理分区？对于第一种方法，这里要多说几句。因为罗马帝国是个不断扩张的国家，建筑的很多方面就不可避免地会受此影响。由此出发，可将发展过程划分为三个阶段。第一阶段（原来的发展是一个连续的现象，这里只是人为地进行了划分），大致从奥古斯都在公元前31年实际执政到公元117年图拉真死去。这是一个军事和政治扩张及巩固的时期，此时的罗马不仅是权力的中心，而且在地中海地区（尤其是西部）的很多地方，也是罗马城和各行省之间的文化交流中很有影响力的因素。第二阶段，从哈德良即位到公元3世纪中叶的无政府状态，是大有作为的时期。尽管北部边境存在着军事压力，地中海地区的很多地方却享受着空前繁荣和成熟的物质文明。此时的意大利仍是权力的中心，但却早已失去了经济上的优势，而且在很多文化领域，西部的一些先进省份也正迅速地取而代之。第三即最后一阶段，在戴克里先（Diocletian）及其四帝共治制（Tetrarchy）政治伙伴的铁腕统治下，是一段军事和政治的复苏期。这时的罗马只是名义上的首都，实际的权力中心已经移向北部和东部，转移到一些地方首府，如特里尔（Trier）、米兰（Milan）、西尔缪姆（Sirmium）、塞萨洛尼基（Thessalonica）、尼科美底亚（Nicomedia）和安条克（Antioch）。在这一段短暂的时期内，文化倾向远离了原来的地方性，向着形式和观念的空前统一发展。但是，在君士坦丁重新统一政权的短暂时期之后，帝国又一次分裂成东西两部分。这是最后一次，再也没有改变。

我们必须在这样的历史发展背景中考察罗马帝国各行省的建筑历史。虽然在政治和经济上，意大利对于各行省的重要性逐渐地减弱，但在建筑上并非如此。罗马城不仅始终是皇家财政独家支持的最重要的对象，而且，正如上文所述，罗马城在当时也孕育了一个生机勃勃、不断进步的建筑流派，即使是先进的老行省仍然也要借鉴罗马的一些经验。考虑到这一点，我们就必须提到一条文化鸿沟，这条文化鸿沟在奥古斯都时期仍然隔离了西部地区（少数特权地区除外）和前希腊化王国的东部地区。无论在这近4个世纪的时间内发生了怎样的变化，罗马地方建筑的历史仍必须按照帝国地理的基本情况来叙述——一边是意大利和西部诸省，另一边是罗马城和东部诸省。

在西部的欧洲诸省，罗马的扩张势力发现，除一些希腊或迦太基统治下的有限的沿海区域，与之打交道的当地居民明显处于较低的物质文明水平。共和国时期的罗马本来就乐于让这些地区保持发现时的原状，除了安全和交流这类最基本的需求外，很少有迹象表明，在公元前58—前51年恺撒征服三头之前曾有过任何系统性的建设活动。正是普罗旺斯的几个退伍军人居住地的建设，以及随后在公元前44年卢格杜努姆[Lugdunum，今里昂（Lyon）]和奥古斯塔劳里卡[Augusta Raurica，今奥格斯特（Augst），巴塞尔（Basel）附近]的类似建造活动，标志着一种开明新政策的开始。这些行省不再被单纯地当作剥削对象，而是被发展吸收到罗马的方式中来了。这项政策的主要措施之一甚至规定，应该按照地中海的普遍模式建立城镇文明。这项政策由奥古斯都及其继承者贯彻执行并系统地发展下来，而且执行伊始就获得了成功。在一代人中间新基础就坚实地奠定下来，比如加尔德桥和四方庙（均为第一代建筑）就证明了这类建筑的成熟。到第二代，来自高卢和西班牙的罗马公民进入了元老院。第一位非意大利籍的皇帝图拉真（公元98—117年）来自西班牙，而他的养孙安东尼·庇护则有着高卢血统。到公元2世纪，这些行省和意大利本身一样早已是罗马帝国不可或缺的组成部分。

这个惊人的成功背后有什么秘密呢？答案很简单。无论罗马共和国对海外行省的福利怎样漠不关心，意大利特别是意大利北部[当时还是内高卢（Gallia Cisaplina）]在共和国最后两个世纪中的历史，在后来看来，不知不觉地从一个方面为帝国做了准备。像后来各行省一样，意大利北部罗马化措施也是建立军事殖民地，通过以罗马方式重建原有的地区中心，并交由罗马人管理，从而在以前难于控制的地区建立城市生活。罗马的规划正是从这些波河河谷的新城建设中积累了经验，这些经验又使他们在阿尔卑斯山以外的新行省中获得了成功。

图 165　维耶纳阿洛布罗贡（即维埃纳，法国），奥古斯都和利维娅庙

关于共和国时期意大利北部城镇的建筑，我们只有一些令人无可奈何的残迹，比如布雷西亚（Brixia，又作 Brescia）建于帝国时期之前的广场遗址、维罗纳一座城门的局部，以及科穆姆［Comum，科莫（Como）］的一处废墟。但是在很多情况下，这些建筑的平面在帝国时期和中世纪的街道平面上留下了不可磨灭的印记，包括帕维亚（Pavia）、里米尼、皮亚琴察、克雷莫纳、帕杜瓦（Padua）、维罗纳、科莫，以及亚平宁南部的佛罗伦萨（Florence）、卢卡（Lucca）和卢尼（卡拉拉）。所有这些城市的布局都有规整的正交街道网格，这种布置参照了罗马人从意大利南部的希腊化城市中汲取和改造过来的形制。这些城镇都做了精心规划，而且很明显，这些规划进一步为某些特定的建筑类型做好了准备。奥古斯都时期之后，我们终于开始有了建筑的实物遗存，这些建筑表现出了在处理方式上的普遍统一性，这只能是原有建筑传统的产物。进一步说，在这种情况下，建筑和规划被看成是一个问题的两个方面。

对西部诸省后期建筑有决定性影响的形制最初也正是在井然有序的传统设计框架中孕育并发展起来的，这是我们理解的基点。的确，在实际建造中，各个单体建筑类型既受规划程式制约，又被灵活地加以诠释。没有哪两座神庙或巴西利卡是完全相同的。建筑不仅仅是人们看到的那种图板上僵化的、四四方方、规规矩矩的平面图。北非的奥古斯塔普拉埃托里亚［Augusta Praetoira，今奥斯塔（Aosta）］或萨穆加迪［Thamugadi，今提姆加德（Timgad）］在这方面是个例外。这种普遍的规划惯例和既有的公共建筑模式，的确提供了一个屡经试验证明的框架，规划师和建筑师可以在统一的基本主题上发展他们各自的多样风格。甚至，一旦道路、防御城墙、供水系统和住宅这些紧迫的需求得到了满足，只要资金和环境允许，一座城镇就可以在几年间追求其他的便利，而不会失去其内在的统一性。我们来看一个恰好在文献中有详细记载的实例。在普罗旺斯的内毛苏斯（Nemausus，今尼姆），城市建设工程的第一年就完成了城墙、城门和高架渠，同时也建成了四方庙，一座明显为表现聚落繁荣而建的国立神庙。另一方面，圆形剧场至少在一个世纪后才可能建成。在本例中，街道平面包含了从原有聚落中被动接受下来的畸形特征。但是，中心区域仍是按着传统正交网格重建的，广场

设在两条主要街道的十字路口一角。

在不受原有聚落限制的军事殖民地中，我们举奥古斯塔劳里卡，也就是今天的奥格斯特为例。小镇的基址选在高山上的一块平地上，四周沿不规则轮廓环绕着防御城墙。剧场在建筑大家庭中是相对的新成员，在正交网格的城市中处在尴尬的地位。而这里的剧场是在城墙之外依山而建的。在城内，人们将两块组团合并以便为浴场让出地方。除此之外，街道网格一经建成，未来发展的格局也就被确定了。广场的遗址从建成就一直保留下来，尽管从这里发掘出的建筑属于公元 2 世纪，但仍遵循着二百年前确立的形制，并且几乎可以肯定的是，现有建筑取代了用非耐久材料建成的原有建筑。由柱廊围合的广场上有几家内、外双向开门的商店；广场的一端，正对广场中心，矗立着一座让人难忘的意大利式神庙；另一端则横跨着一座巴西利卡。城镇的主要街道穿过广场，将它一分为二，但这段街道只作为步行区，车辆是禁止通行的。

这种巴西利卡—广场—神庙组合体在罗马帝国早期的西部建筑中是司空见惯的。具体的配置各有不同。我们只能猜测，有些地方省略神庙或调整神庙或巴西利卡的位置可能是地形造成的。在达尔马提亚的亚德尔［Iader，今扎达尔（Zadar）］，巴西利卡沿着封闭广场的长边而建；而格兰努姆（圣雷米—普罗旺斯）的一对庙宇，则位于广场之外的另一条轴线上；卢格杜努姆孔韦纳伦［Lugdunum Convenarum，今阿基坦（Aquitaine）的圣贝特朗—德科曼日（Saint-Bertrand-de-Comminges）］的庙宇则朝向相反；而在不列颠，省去神庙是十分常见的，不过情况并非一成不变，比如韦鲁拉缪姆（Verulamium）形式多少有些古怪的组合体。我们常常只能看到平面的局部，完整的情况则全靠猜测，比如在尼姆，巴西利卡的常规位置，即与四方庙正对的位置就已被挤占了。尽管存在着这些个性化处理，但人们接受的基本模式形成了强大的权威，遍及欧洲诸省，从伊比利亚半岛［葡萄牙的科尼姆布里加（Conimbriga）和阿米纽姆（Aeminium）］到奥地利的卡林西亚（Carinthia）［维鲁努姆（Virunum），诺里库姆（Noricum）的首府，公元 1 世纪中期重建］和达尔马提亚。琉提喜阿（Lutetia，今巴黎）则是高卢六例之一。

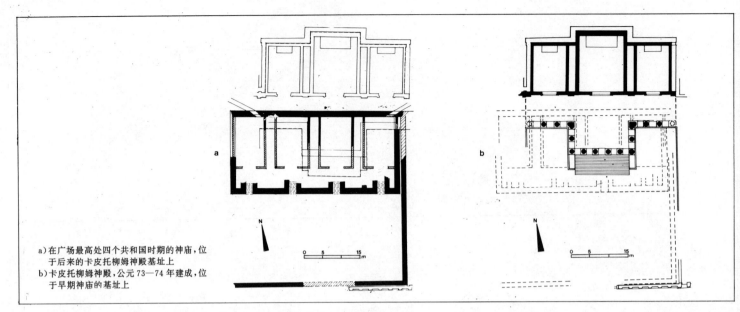

a) 在广场最高处四个共和国时期的神庙，位于后来的卡皮托柳姆神殿基址上
b) 卡皮托柳姆神殿，公元73—74年建成，位于早期神庙的基址上

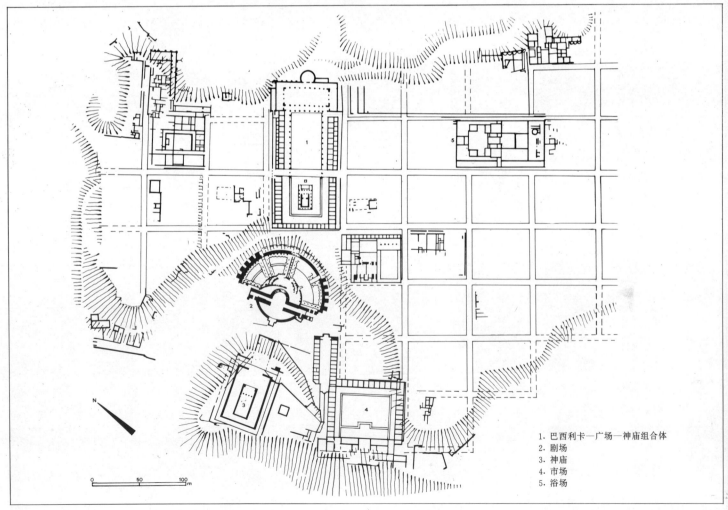

1. 巴西利卡—广场—神庙组合体
2. 剧场
3. 神庙
4. 市场
5. 浴场

图 166 布雷西亚，共和国时期神庙和卡皮托柳姆神殿（引自 Mirabella Roberti，1963 年）

图 167 奥古斯塔劳里卡（奥格斯特，德国），平面图（引自 Laur-Belart，1948 年）

图 168 巴西利卡—广场—神庙组合体平面图（引自 Journal of Roman Studies，1970 年）

图 169 萨穆加迪（提姆加德，阿尔及利亚），广场平面图（引自 Ballu，1897 年）

图 170 布雷西亚，卡皮托柳姆神殿

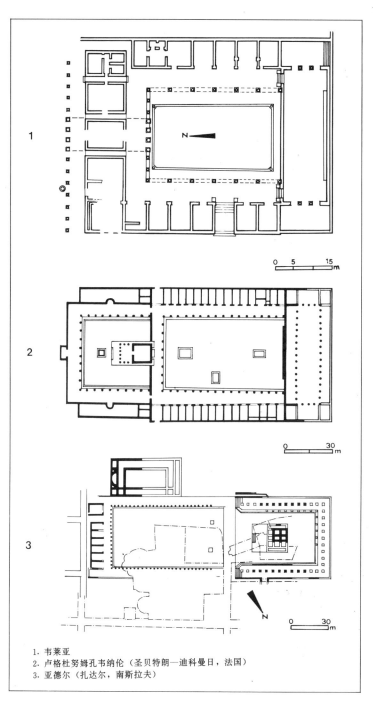

1

0 5 15
m

2

0 30
m

3

1. 韦莱亚
2. 卢格杜努姆孔韦纳伦（圣贝特朗—迪科曼日，法国）
3. 亚德尔（扎达尔，南斯拉夫）

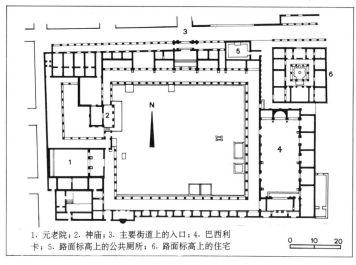

1. 元老院；2. 神庙；3. 主要街道上的入口；4. 巴西利卡；5. 路面标高上的公共厕所；6. 路面标高上的住宅

0 10 20

图 171　蒂奇努姆（Ticinum，即帕维
　　　　亚），表现罗马式正交网格街
　　　　道遗存的航摄照片

图 172　内毛苏斯（尼姆，法国），圆
　　　　形剧场
图 173　韦莱亚，广场
图 174　丘库尔（贾米拉，阿尔及利
　　　　亚），维纳斯庙前的广场

　　在意大利北部，巴西利卡—广场—神庙组合体的早期实例已知有帕尔马南部山麓的奥古斯塔巴吉恩诺伦［Augusta Bagiennorum，皮德蒙特的贝内瓦吉恩纳（Benevagenra），建于奥古斯都时期］和韦莱亚。后者是一个缩微的摹本，神庙被压缩在巴西利卡对面的门廊中，从其雕塑上看应属奥古斯都时期。尽管在接下来的一段时期内，意大利北部在考古发掘上一无所获，但有一点几乎可以肯定，即在公元前2—前1世纪兴建的那些城镇中，罗马的建筑师和规划师发展了一些成规定式，后来在西部诸省中应用得不错。构成要素是意大利中部建筑中早已常见的特征，见于科萨、庞培及罗马努姆广场本身。其中的新颖之处是这些特征或多或少已成为标准化规划单位中的组成部分。巴西利卡—广场—神庙组合体就以这种不可分割的整体形式逐渐向南传播，在奥古斯都时期重建的中心城市，如阿尔巴富森斯和赫尔多尼亚埃［今奥尔多纳（Ordona）］都能见到。罗马城通常更为保守，这种形式直到一个世纪之后才在图拉真广场上展露头脚。正如后文将要提到的，非洲的人们更主要依赖意大利南部，因此这种形式也很难确立。公元1世纪中叶，在大莱普提斯的老广场（Old Forum）中还显得扭扭捏捏，到图拉真时期的萨穆加迪殖民地中才略带自信，然后是丘库尔［Cuicul，今贾米拉（Djemila）］，直到最后在大莱普提斯的新塞维鲁广场（Severan Forum）和巴西利卡中这种形式终于正式确立。

　　城市建筑在意大利北部和西部各省的情况，程度不一地反映在遗迹中。有些建筑还是原来的功能，如桥梁、城墙、城门或是演变为城门的拱门（凯旋门），而另一些建筑如剧场和圆形剧场则很容易被改造成城堡。另一方面，由于中世纪早期城市生活水平的下降，巴西利卡、门廊、市场、公寓以及仓库渐渐年久失修，逐一沦为建筑材料的采集场。遗存是个选择的过程，除了已发掘的遗址，人们对建筑例证的选择肯定反映了他们对这一过程的偏见。因此，以下的讨论也就必须看作是评论了可以言传的实例，而不是对曾经有过的建筑的普查。

　　意大利北部的城门，以多样的形式重复了同一种形制。其形制大体如下：主要构成元素是一对高耸的塔楼，塔楼构成门框，一条或一对马车道从中穿过；有时，马车道两侧还有步行道，对应着较小的拱门；另有卫兵专用道，其上是更小的拱形窗，那里控制着城门的开关；常见

图175 萨穆加迪(提姆加德,阿尔及
利亚),表现所谓图拉真凯旋
门(2世纪末)剧场和广场
(剧场左侧)的航摄照片

的还有一个封闭的内院。正如上文所述,这种形式可追溯到共和国时期
的意大利。维罗纳的莱奥尼门表明,到公元前1世纪中期,这种形式在
北部地区已经出现。在奥古斯都时期,属于这种形式的城门则包括奥古
斯塔普拉埃托里亚(今奥斯塔,公元前25年)、法努姆福尔图纳埃
[Fanum Fortunae,法诺(Fano),公元前9年]、希斯佩卢姆[Hispel-
lum,今斯佩洛(Spello)]、奥古斯塔都灵诺伦[Augusta Taurinorum,
今都灵(Turin)],以及高卢的内毛苏斯(尼姆)和奥古斯托杜努姆
[Augustodunum,今欧坦(Autun)]等地的城门,后两者都是在公元前
16年或之后不久建造的。尽管这种建筑类型常常意在打动人心,但本
质上却是实用性建筑,并作为西部的标准形制而一直流传到古代晚期。
罗马奥勒良城墙(Aurelianic Walls)原有的城门就是这种形式,而位
于奥古斯塔特雷维罗伦(Augusta Treverorum,今特里尔)在公元3世
纪晚期的尼格拉门也仍然是同一类型更精细化的变体。

　　与城门紧密联系在一起的另一类纪念性建筑是凯旋门。硬币图案
上的这种拱门图像表明,门的顶部常常饰以雕刻。这种形式的私家建筑
通常用于军事胜利庆典,属共和国时期。这些拱门无一留存,不过有理
由推测,早期遗存下来的公共拱门,即公元前8年建于苏萨的纪念奥古
斯都的凯旋门,其简单的形式就是源于共和国时期的形制。

　　帝国时期,从基本原型大致分化出两大发展方向。很多后期的凯旋
门继续用于纪念战争的胜利,即使用凯旋门的原义。但通过意义的简单
引申,凯旋门也开始用来纪念其他值得铭记的人或事,最常见的是纪念
皇帝个人,或者纪念刚刚去世的皇帝的丰功伟业,比如提图斯凯旋门。
城门也开始用于相同的目的,凯旋门和城门的区别日趋模糊。这种趋势
深刻地体现在里米尼的早期实例奥古斯都凯旋门中,该门实际上也是
罗马时期和中世纪通行车马的大门。它是分别处于弗拉米尼亚大道两
端的一对拱门中的一个,建于公元前27年,曾由奥古斯都重修。在罗
马那端的拱门建在穆尔维乌斯桥附近,可能是独立的。而里米尼城门的
装饰则是券洞,与两塔楼中间的平面墙相当不协调。这种城门和拱门的
通用性是后来两种类型建筑发展中常见的特征。其中最突出的实例是
公元1世纪中叶的金门(Porta Aurea),位于拉韦纳,已毁。

另一方向的发展则是对以苏萨的奥古斯都凯旋门为典型的基本形式进行精雕细刻，其方法包括：将壁柱变成双柱，引入连续的柱础；用富有装饰的壁龛或雕有图案的嵌板对墙面加以装修，在两侧引入通道（如城门一样）；按照建筑的主要竖向构件，在深度上处理券洞和女儿墙垂直面上的节点。从形式上来看，发展是由简而繁，但如果以此用作断代的依据就会出错。公元 21 年稍后在阿劳西奥［Arausio，今奥朗日（Orange）］建成的拱门就是一个早熟于其年代的特例。反过来，另一对普罗旺斯的拱门以及圣沙尔姆（Saint-Chamas）的那座桥虽然要晚半个世纪，但仍保持着简单的基本形式，而这种形式在西班牙和北非行省甚至沿用得更久。直接的范例并不总是地方上的，图拉真在贝内文托（公元 114 年）和安科纳（公元 115 年）的两座凯旋门就是仿效了罗马的提图斯凯旋门，成为意大利行省的城市纪念性建筑。另一方面，公元 2 世纪末在北非萨穆加迪（提姆加德）的"图拉真凯旋门"则是典型的当时、当地的纪念性拱门。这段历史就是这样纷繁复杂，排斥清晰的综合，却充分体现出其丰富多样性。这些丰富的形式是各省的建筑师从基本母题中发展出来的，是他们必备的手段。

很少有人关注高架渠和桥梁。值得一提的高架渠也许就是加尔德桥。桥的建造者既没有妄自尊大，也没有忽视在封闭管道中水往低处流这一事实。这座桥建造以高水平的勘测为基础，是精细计算的结果。在特定情况下，罗马人能够而且的确使用了虹吸法。在向里昂供水的高架渠中就有几处这种做法，另一处实例则是横穿莱茵河床、直到阿尔勒（Arles）的一连串铅制管道。但是这种压力式的输送在材料和维护上都是昂贵的，而利用重力的下落则要廉价得多，加尔德桥的意义就体现在，它使余下的 31 英里（50km）长的管道能够沿地面铺设。直至 1842 年，当人们决定将迪朗斯河（Durance）引到马赛时，在罗克法沃［Roque-favour，普罗旺斯地区艾克斯（Aix-en-Province）附近］选用的桥梁形式不是别的，正是加尔德桥的形式。另一类很少引起注意的建筑是剧场和圆形剧场。很多剧场最初是在石基础上用木材建造，并一直沿用。在木材充足的地方，这种做法十分普遍。阿波罗多罗斯建造的多瑙河大桥就是在石桥墩上用木材构筑的。然而，在奥古斯都时期，像罗马的剧场那样完全由石材构造的剧场就已经出现，比如阿尔勒、里昂和奥朗日的剧场。而地方各省的大型石造的圆形剧场则出现较晚，如维罗纳、伊斯

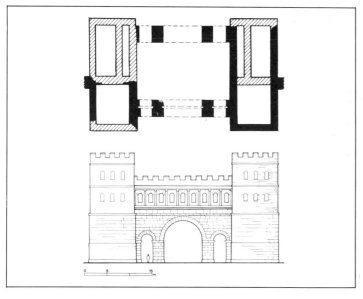

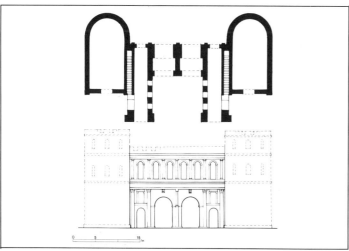

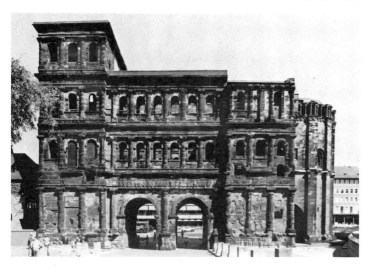

特里亚的波拉、阿尔勒和普罗旺斯的尼姆，以及北非大莱普提斯的剧场，其建造年代没有一个可以确证早于大角斗场，因此，大角斗场开创了历史先河。除了地区差异和各地独特的建筑传统，这些圆形剧场都十分接近于坎帕尼亚开创的形制。坎帕尼亚波佐利（普泰奥利）的大型圆形剧场可大致判断为属于同一时代。在高卢和不列颠，我们发现一种特别冷僻的地方形式，这就是结合了剧场和圆形剧场的功能和形式的小表演场。在大部分城市都拥有剧场的东部行省，随着观众席和舞台之间的半圆形空间转化为小表演区，时尚品味也有所改变。

出人意料的是，北非的优秀剧场非常多。早期的大型剧场实例（公元 1 年）位于大莱普提斯。在萨布拉塔（Sabratha，约公元 180 年），舞台建筑得到修缮，并按这类建筑在古代的通例，做成生动三维柱廊布景。其他的精彩实例分布在西班牙的奥古斯塔埃梅里塔［Augusta Emerita，今梅里达（Merida）］和在阿尔及利亚的丘库尔（贾米拉）。如果拿掉柱子，这种设计的框架还能在普罗旺斯的奥朗日见到。北非最出类拔萃的圆形剧场在锡斯德鲁斯［Thysdrus，即杰姆（El-Djem）］，年代相对较晚，约建于公元 3 世纪。

罗马人走到哪里，就会把浴场带到哪里。人们可能会认为，浴场本质上是实用性的建筑，一定有一个单一的、标准化的形制。但实际上，这个基本形制却衍生出无数变体。像罗马一样，意大利之外的最早实例，如格兰努姆（圣雷米－普罗旺斯）的浴场，还体现了与坎帕尼亚原型之间密切的传承关系；但是，在很短的时间之内，各省就都出现了各具特点的形式。从这些丰富的地方形式中我们大致归纳出三类。一类是现代温泉疗养院的鼻祖。在这种类型中，建筑的确切形式完全由浴池的数量和尺度来决定。虽然这种类型在高卢最为普遍，但实际上只要有矿泉的地方都能见到，比如不列颠的巴斯［Bath，即阿奎苏利斯（Aquae Sulis）］、日尔曼的巴登韦勒（Badenweiler）、保加利亚的旧扎拉戈［Stara Zagora，即奥古斯塔特拉亚纳（Augusta Traiana）］附近、突尼斯的布拉雷吉亚（Bulla Regia），以及阿尔及利亚的哈马姆［El-Hammam，阿奎弗拉维亚纳埃（Aquae Flaviane）］。与现代的疗养温泉相似，这些医疗性的浴场往往是繁荣社会的中心。

图 187 奥古斯塔埃梅里塔（梅里达，西班牙），剧场的舞台和舞台建筑

图 188 萨布拉塔（的黎波里塔尼亚，利比亚），剧场的舞台和舞台建筑

图 189 阿劳西奥（奥朗日，法国），剧场

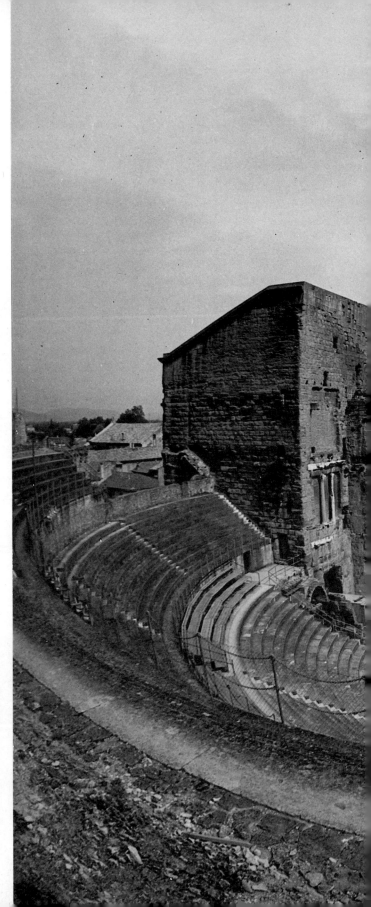

图 190　丘库尔（贾米拉，阿尔及利亚），剧场

图 191　锡斯德鲁斯（杰姆），圆形剧场外观

图 192，图 193　锡斯德鲁斯（杰姆），圆形剧场室内

图 194　普泰奥利（波佐利），圆形剧
　　　　场，表演区中的方孔是将野
　　　　兽从底部提升上来的竖井

　　另两类浴场建筑源于意大利，在公元 2 世纪之前并未得到充分发展。对称的巨型"帝国式"浴场显然是在模仿罗马城的图拉真浴场和卡拉卡拉浴场。大莱普提斯的哈德良浴场（Hadrianic Baths，公元 123年）就是这种大型浴场的典型。该城的狩猎浴场（Hunting Baths）在形式上则更与众不同。但两者都是从罗马城当时的混凝土拱顶建筑中发展而来，前者源于大型的公共热水浴室，后者则来自居住建筑中私密的浴室，以哈德良别墅中小浴室为代表。这种惊人的反古典建筑存在的普遍性，远远超过我们通常的设想。这些建筑所表现出的对内部空间作为建筑主角的坦然接受，是罗马建筑新潮流中固有观念的逻辑发展。而且，正是这类浴场建筑在向罗马东部和西部传播这种观念时起到了相同的重要作用。

　　在大多数城市中，主要的世俗建筑是巴西利卡。正如我们已经看到的，这种类型肇始于共和国时期的意大利中部，并从这里传播到整个罗马西部的行省。没有哪两个巴西利卡是完全相同的，但是，所有的巴西利卡都是体量巨大、覆盖着木屋顶的大厅堂。巴西利卡几乎总是面向广场，其内部通常有柱廊，并经常加进一些次要房间，用作祭祀场所、法庭、市政档案室、部长办公室和公告发布室等。有趣的是，这些建筑表现出民用和军事建筑的相互交织的迹象。尤其是在帝国早期，边境局势稳定，部队的营房开始带上永久性的特征。在各行省中，军事建筑师常常是最容易找到的。当比提尼亚（Bithynia）的平民长官小普林尼需要一位专业水准勘测员时，图拉真就建议他去附近的军事行省多瑙河下游的默西亚（Moesia）寻求帮助。反过来也是如此，军队惯于用暂时性材料来建造他们的营房，他们很自然会从民用建筑中学习丰富的建造经验和建筑形制。一些民用巴西利卡和军队指挥部极为相似，并不是偶然的。

　　图拉真的乌尔皮亚巴西利卡两端的半圆形凹室不可能体现出这种关系。乌尔皮亚巴西利卡并不像有人说的那样，是在原有军事建筑的基础上改造成的民用建筑，它更是根深蒂固的城市传统的产物，边境城镇和营房的建筑师也吸收了这种传统。

　　各省都有自己宗教上的传统和实践方式。他们都享有充分表现的

图 195　格兰努姆（圣雷米—普罗旺
斯，法国），浴场平面图，公
元前 1 世纪下半叶（引自
Rolland，1946 年）

图 196　巴登韦勒（德国），温泉浴场
平面图（引自 Boëthius 和
Ward-Perkins，1970 年）

图 197　奥古斯塔特拉亚纳（旧扎戈
拉，保加利亚），热水浴室平
面（引自 Boëthius 和 Ward-
Perkins，1970 年）

图 198　阿奎弗拉维亚内（哈马姆，阿
尔及利亚），热水浴室平面图
（引自 Gsell，1901 年）

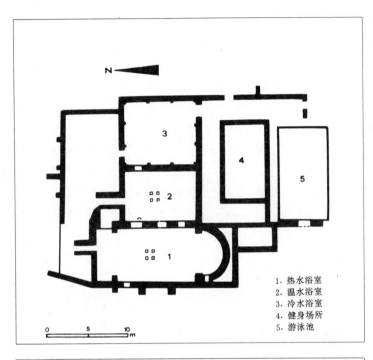

1. 热水浴室
2. 温水浴室
3. 冷水浴室
4. 健身场所
5. 游泳池

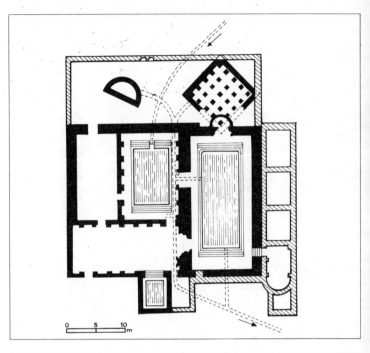

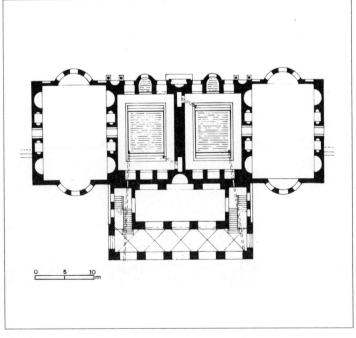

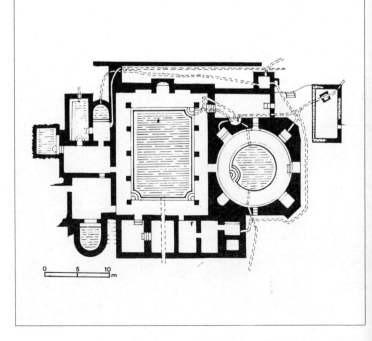

图 199　大莱普提斯（的黎波里塔尼亚，利比亚），哈德良浴场，主热水浴室

图 200　萨布拉塔（的黎波里塔尼亚，利比亚），公元 50—75 年的巴西利卡平面图

图 201　大莱普提斯（的黎波里塔尼亚，利比亚），老广场［维图斯广场（Forum Vetus）］引自 Boëthius 和 Ward-Perkins，1970 年）

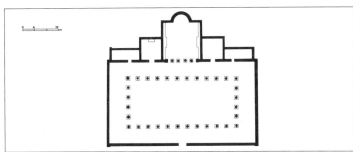

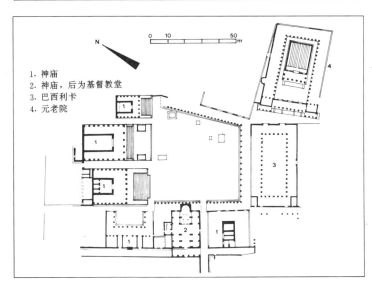

1. 神庙
2. 神庙，后为基督教堂
3. 巴西利卡
4. 元老院

自由，除了在一些地方，基督教被认为会颠覆政权而遭到禁止。罗马各行省的建筑就充分地反映了这种情况。在显赫的官方古典神庙旁边，就有不计其数的地方神祇的祭祠。这些建筑按地方传统建成，从路边粗陋的小祠堂到大型建筑群，形式繁多。例如在高卢和附近的克尔特人村庄，最普遍的本土形式是矩形大厅（有时是圆或椭圆形）或矮塔，四周通常建有外向的、类似游廊的回廊（ambulatory）。建筑的纪念性可能是用耐久的材料来表现的，像欧坦的方形神庙雅努斯庙（Temple of Janus）和在佩里格（Périgueux）的圆形神庙韦苏纳庙（Temple of Vesunna）；或者可能赋予了古典化的特征，如带山花的门廊，或围上一圈传统的古典围廊。但是，基本形式一直沿到古代晚期。这些本土神庙中的一部分，特别是在高卢，是朝圣和季节性集会的中心，其周围区域逐渐城市化，出现了一些酒吧、浴场、柱廊和剧场等。科姆皮耶涅森林地区（Forest of Compiegne）的桑克叙［Sanxay，今维埃纳（Vienne）］和尚普雷厄（Champlieu），以及格洛斯特郡（Gloucestershire）的利德尼（Lydney）就是这样。

各地区的历史也各不相同。在迦太基的辖区，很多祭祀场所仅仅是一个祭坛（alter）或者一处露天的供奉场，有时可能会有一小块预留的"圣地中的圣地"（Holy of Holies）。这可以很容易用古典建筑语汇来表现，比如在突尼斯的苏费图拉（Sufetula，今斯贝特拉）、图加（Thugga，即杜加）和图布尔博马尤斯就是这样。但是，与克尔特神庙对于高卢人的意义相比，此处确切的建筑形式对其使用者来说似乎意义不大。到公元 2 世纪，庙宇的形式由传统的意大利形式全面取代。受到崇拜的众多神祇一仍其旧，但却以古典面貌出现，放在古典风格的建筑之内。北非有一种很常见类型，类似于小型的帝国广场，通常有一个三面柱廊围合的矩形圣区，在后墙背景中有一个意大利式神庙。这就是在萨穆加迪和图布尔博马尤斯的卡皮托柳姆神殿。而在大莱普提斯和萨布拉塔至少一半的独立神庙都是这种情况。在另一方面，还有米特拉教（Mithraism）信仰，其建筑和礼仪简直难以分割，以致这种信仰传到哪里，其特定的祭拜场所都会跟到哪里。

罗马人对自我纪念性（self-commemoration）的好大喜功在陵墓建筑中表现得十分丰富多彩，以致缺乏对意大利的概要分析，对各省就更

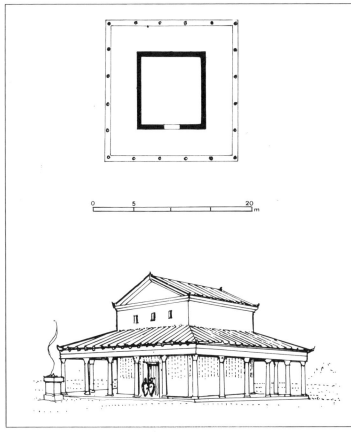

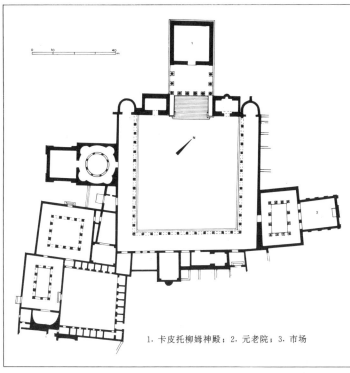

1. 卡皮托柳姆神殿；2. 元老院；3. 市场

图202 韦苏纳佩特里科里奥伦(Ve-
　　　sunna Petricoriorum，佩里
　　　格，法国)，韦苏纳庙。
图203 奥古斯塔特雷维罗伦（特里
　　　尔，德国)，阿尔特巴赫塔尔
　　　圣所的一处神庙的平面图和
　　　复原图

图204 图布尔博马尤斯（突尼斯)，
　　　广场平面图（引自 Merlin，
　　　1922 年)
图205 图布尔博马尤斯（突尼斯)，
　　　卡皮托柳姆神殿　　　　▶

少了。的确，有很多重新出现的陵墓类型——立纪念碑的古坟、仿建筑立面的岩窟、墓地的庙宇、塔式墓、纪念柱——而且其中的大部分多少都以一致的地方形式表现出来，人们往往可以从中追踪出其主要的谱系脉络。以一个外来的事物为例，在利比亚沙漠中的针尖形金字塔墓（needle-thin pyramidal tower)，可看作是闪米特塔式墓(Semitic tower-tomb) 的一种极端形式，是由叙利亚北部塔式墓的发源地——希尔米勒 (Hermel)、埃梅萨 (Emesa)、巴尔米拉 (Palmyra)、科马杰内的阿萨尔(Assar in Commagene)、奇里乞亚的迪奥卡伊萨雷亚(Diokaisareia in Cilicia)，并通过迦太基－马克塔尔（Carthage-Mactar)、图加、萨布拉塔传来。这让我们联想到更远的建筑，普罗旺斯地区格兰努姆的尤利纪念碑 (Monument of the Julii)、马尔凯 (Marches) 萨尔西纳(Sarsina) 的奥布拉库斯墓 (tomb of A. Murcius Obulaccus)、坎帕尼亚富有巴洛克意味的坟墓、特里尔附近伊格尔(Igel) 的塞昆迪尼(Se-cundini) 塔式墓（约公元 245 年)，甚至可能有莫索卢斯 (Mausolus)[①]本人的纪念碑；或者在另一个方向上联想到卡罗山 (Monte Calo) 上的拉图尔别 (La Turbie) 胜利纪念碑和多布罗加 (Dobrudja) 的特拉亚尼 (Tropaeum Traiani) 胜利纪念碑（公元前 76 年)，联想到罗马城的大型帝陵；还可能联想到在俯临尼姆的山顶上神秘的奥古斯都图尔马格内 (Augustan Tourmagne)。我们再次被提醒，虽然罗马建筑师习惯于按常规思考，但同时他们也会转移到一个充满内在含义和联想的世界中，以致从此类转到彼类时往往难以觉察。正是建筑历史学家的欣喜和失望使我们必须从文字上回顾罗马这半壁江山的建筑，以便能够完整理解任何一个给定的罗马建筑。

在结束对罗马西部诸省常见建筑类型的概要叙述之前，让我们简单回顾一下乡村和城镇中的居住建筑。由于地方传统和材料不同，社会习俗和气候各异，因此，这又是一个在各省之间相互有别的领域。在地中海沿岸，罗马人在富人的标准住宅中所继承的城市传统似乎是希腊化的内围廊式住宅。而在其他地方，罗马城市化之前的做法很原始落后，没有给后来造成什么影响。尽管罗马的西尔齐斯特 [Silchester，即

---

① 莫索卢斯（死于公元前 353 年)，波斯帝国开利阿属国国王。——译者
注

◀图 206 图加（杜加，突尼斯），卡皮
托柳姆神殿

图 207 内毛苏斯（尼姆，法国），Tour-
magne

图 208 图加（杜加，突尼斯），努米
底安塔式墓

图 209 图加（杜加，突尼斯），罗马
—布匿式萨特恩庙平面图

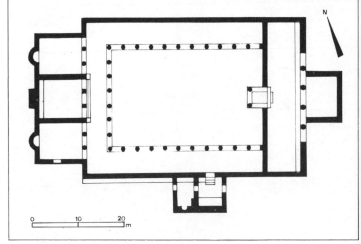

图 210　埃梅萨(霍姆斯,叙利亚),桑
　　　　西格拉莫斯 (Gaius Julius
　　　　Samsigeramos),塔式墓

图 211　姆塞莱坦(El-Mselleten)(的
　　　　黎波里塔尼亚,利比亚),罗
　　　　马—利比亚塔式墓

图 212　迪奥卡伊萨雷亚［乌尊卡布
　　　　尔克（Uzuncaburc），奇里乞
　　　　亚］，塔式墓
图 213　卡普亚［圣马利亚卡普亚韦
　　　　泰莱（Santa Maria Capua
　　　　Vetere）］，陵墓轴测复原图
　　　　（引自 De Franciscis 和 Pan，
　　　　1957 年）

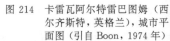

图 214　卡雷瓦阿尔特雷巴图姆（西
　　　　尔齐斯特，英格兰），城市平
　　　　面图（引自 Boon，1974 年）
图 215　格兰努姆（圣雷米—普罗旺
　　　　斯，法国），内围廊式天井住
　　　　宅的院落

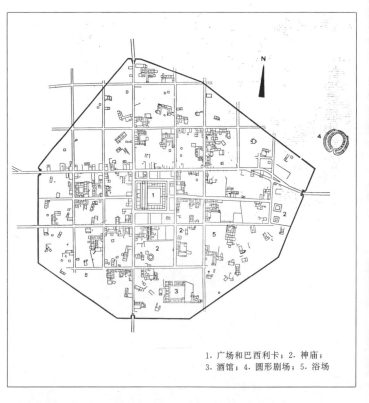

1．广场和巴西利卡；2．神庙；
3．酒馆；4．圆形剧场；5．浴场

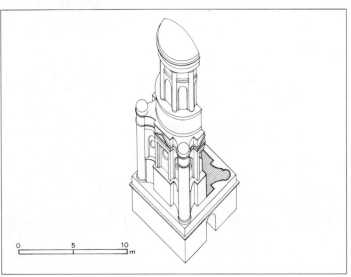

134

卡雷瓦阿尔特雷巴图姆（Calleva Altrebatum）]是一个集镇，也是一个大部落的行政中心，但是在建筑上，却充其量只是模仿了由罗马人引进的已经落伍的形式。

突尼斯乌蒂卡（Utica）的共和国晚期的内围廊住宅，像格兰努姆和阿奎塞克斯蒂埃[Aquae Sextiae，即艾克斯—普罗旺斯（Aix-en-Provence）]的内围廊住宅一样，代表了更为成熟的传统。在很多北非的城镇里，比如阿尔西布罗斯（Althiburos）、锡斯德鲁斯、提帕萨（Tipasa）和沃吕比利斯（Volubilis），内围廊住宅继续作为富有居民的典型住宅。在其他城镇，如萨布拉塔，人口压力导致了城镇住宅向更密集的方向发展，成为用天井采光的两层楼房。在萨穆加迪（提姆加德）和丘库尔（贾米拉）的一些公元1世纪前后新建的住宅中，人们看到的正是这种密集的形式。突尼斯西北部布拉雷吉亚的住宅，各居室围绕着中央庭院，分成地上、地下两个不同的层次（假定是因气候原因造成），这是独一无二的地方性创造。

就我们现有的知识，很难概括出北非乡村住宅的一般特征。在沿海城市的附近乡村，有大批富人别墅，多少都直接模仿了在拉丁姆和坎帕尼亚的同类住宅，但在内陆，大部分有记载的住宅都是农舍或大型庄园中心的遗址。图219就是一座有油压机的庄园，离泰韦斯特[Theveste，即泰贝萨（Tébessa）]不远。以料石作框架，填入砂浆毛石，这是典型的北非做法，就像中欧及欧洲西北部的那些森林茂密的行省采用木构架一样，都是地方特点的表现。

令人高兴的是，在高卢、不列颠及莱茵流域有一些考古发现，从中我们了解到，罗马人在很多地方的确建设了独立农场的核心部分，这些经过扩展和丰富，就演变成为罗马时代很常见的别墅。其中少数建筑，如在高卢西南希拉冈（Chiragan）的蒙莫兰（Montmaurin）的建筑是奢华的意大利式住宅，但大多数兼作住宅和庄园劳作中心。从建筑上看，这些房屋代表了大体一致的演变，从早期定居者简陋的谷仓式木构农舍开始——最初只在房屋的长边加上走廊或门廊，然后贮藏室降格，再将马厩分到独立的房子[“走廊别墅”（corridor villa）]；继之而来就是两翼建筑的出现，农场房屋的重组，并围成一个或更多的院子[“院落别墅”（courtyard villa）]。在门窗玻璃、墙面涂料、马赛克铺地、集中供暖等奢侈物品出现的同时，对古典建筑形式的吸收也越来越多。但是，在法兰西北部、不列颠、比利时和日尔曼的别墅中仍然保持了罗马化行省的风貌。然而尽管在外观上是罗马式的，但基本决定于当地特有的社会和环境因素。可以说，整个帝国的乡村建筑模式几乎是相同的。

以上对西部诸省建筑的快速浏览，主要涉及到形式和观念的确立。这些形式和观念有些来自意大利，而在某些情况下又已经在各行省本地出现了。它们是罗马西部地区建筑的重要基础，贯穿整个罗马时代。但是，自公元2世纪起，很多西部城市的确与东部各省同时代的建筑的联系越来越直接。的黎波里塔尼亚的大莱普提斯，由于地理环境及考古发掘的程度和所具有的代表性，就能很好地说明东、西部的联系在建筑沿革上具有怎样的意义。

莱普提斯是迦太基（布匿）人建造的商业城市，这个帝国早期城市的建造者是富有的商人，他们的本土文化和母语都是布匿的，而不是拉丁的。这里并不是流放者的聚居地，而是罗马统治下的一个行省社区。虽然这里遗存的早期建筑，如市场（公元前8年）、剧场（公元1年），以及老广场（从奥古斯都时期到克劳狄时期）旁边的神庙和巴西利卡，都可以在意大利找到渊源，但这种联系仍反映了流行于非洲行省的趋势，甚至在某种程度上可追溯得更早，直到迦太基统治的最后一个世纪。已知最早的莱普提斯式的市场实例，在西西里中部的莫尔甘蒂纳（Morgantina），建于公元前2世纪，中央处有一个圆亭子。其他著名的实例见于庞培、普泰奥利（波佐利），以及非洲的希波雷吉乌斯（Hippo Regius）、丘库尔和萨穆加迪。尽管有着古典的渊源，并与古典主义保持着联系，但这仍是彻底适应当地需求、技术和材料的一种建筑，在整个公元1世纪，都保持着显著的罗马—的黎波里塔尼亚（Romano-Tripolitanian）特征。

这种情况在公元2世纪中叶出现了戏剧性的变化。在哈德良和安东尼·庇护统治时期，在罗马长期作为特权专用的建筑材料——爱琴海地区的大理石，突然产量大增，能充分地供应给各行省使用。这种现象将在下一章中详述。可以说，就像在奥古斯都时期罗马城的情况一

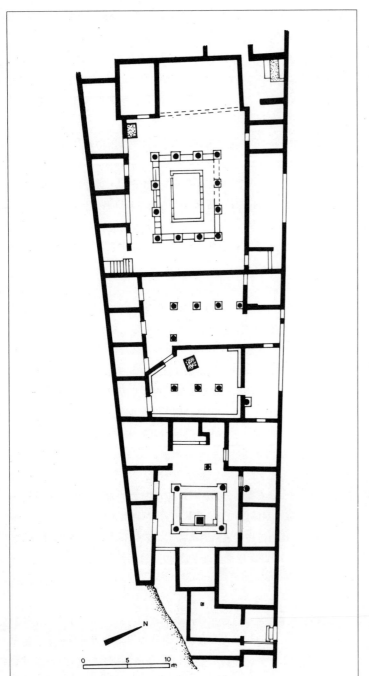

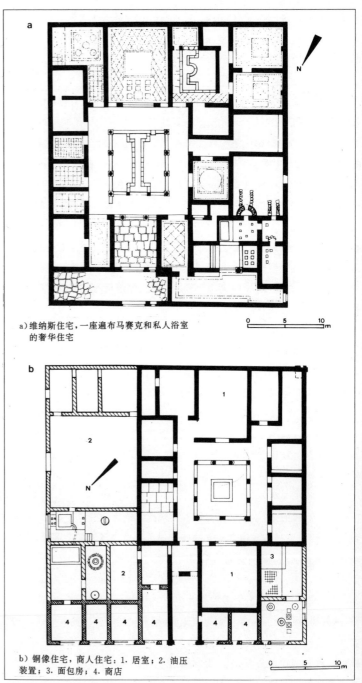

a) 维纳斯住宅，一座遍布马赛克和私人浴室的奢华住宅

b) 铜像住宅，商人住宅；1. 居室；2. 油压装置；3. 面包房；4. 商店

136

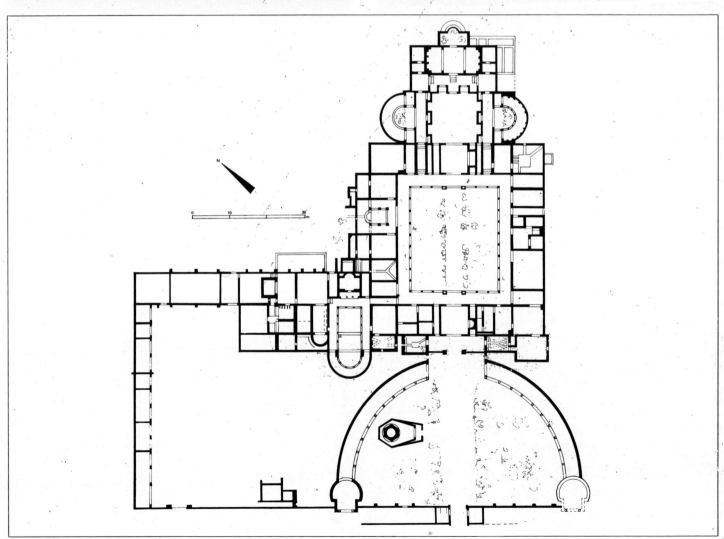

样,新材料伴随着能够熟练运用这种材料的工匠涌入的黎波里塔尼亚,结果仅在一代人的时间内,就抑制了虽生机勃勃但还不够成熟的地方建筑。引进的大理石在莱普提斯哈德良浴场(公元123 年)中初露锋芒,此后,莱普提斯或萨布拉塔的重要建筑几乎无一不使用这种材料,至少会用这种材料进行局部的翻修。由地方材料、技术和装饰传统所赋予的建筑个性不再存在,各地建筑呈现出统一的材料和外观形式,并且这种样式很快在国际获主导地位,风靡地中海中部和东部及黑海沿岸的各行省。

公元 193 年,莱普提斯出生的塞维鲁登上了皇位。随后的二十五年,他的故乡进行了一段空前的建设活动。主要的成果是沿哈德良浴场建造了一条从广场到一个新建的人工港地的柱廊道。沿这条街还有宏大的新广场和巴西利卡。新广场由两座宏大的建筑控制,一边是高大台基上的神庙,另一边是横向布置的巴西利卡。巴西利卡的中厅高 100 英尺(30 多米)(从地面到分格的顶棚),两端以半圆凹室结束,中厅侧翼是横向的拱廊。这种巴西利卡—广场—神庙组合体,虽不是直接抄袭,但无疑是仿照罗马的帝国广场群建造的,其中巴西利卡选用了乌尔皮亚巴西利卡的式样。而在工程的实际建造中,从建筑师往下都属于上文提到的东罗马"大理石风格"工场:建筑所用的白色大理石是普罗孔内苏斯[Proconnesus,马尔马拉(Marmara)]和阿提卡出产的,巴西利卡和神庙上的红色花岗岩柱则取材于阿斯旺,而广场和柱廊道的绿色大理石柱则又取材于埃维亚岛(Euboea)的卡里斯托斯(Karystos);主管工匠和雕塑工匠有希腊文的签名;柱廊街、宏大的喷泉建筑即泉厅控制着广场,甚至石匠工艺的程式都说明,建筑师本人是在东部行省接受的训练,且很可能就在比提尼亚(Bithynia)。

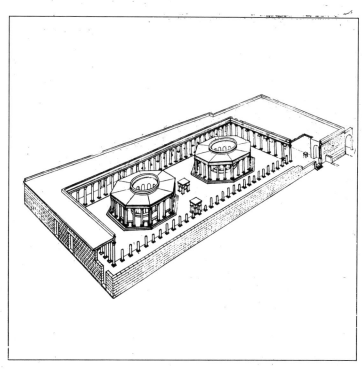

总的来说,莱普提斯的塞维鲁建筑群,其概念来自罗马城,具体由东部罗马人实施,资金则来自一位非洲出生的皇帝。在这个行省城市,甚至受过教育的人也都操着一口新布匿式的闪米特方言或拉丁语。这就是公元 2 世纪末时罗马帝国的含义。虽然这些建筑本身不过是一个特殊形势的产物,但也雄辩地表达了那个时代纪念建筑的发展方向。它们预示了一个世纪后四帝共治制时期的创新。

图 224　丘库尔（贾米拉，阿尔及利亚），市场建筑
图 225　大莱普提斯（的黎波里塔尼亚，利比亚），哈德良浴场鸟瞰，远处是塞维鲁时期的建筑群
图 226　大莱普提斯（的黎波里塔尼亚，利比亚），塞维鲁泉厅

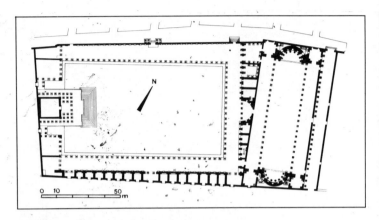

图 231　萨布拉塔（的黎波里塔尼亚，
　　　　利比亚），公共厕所
图 232　丘库尔（贾米拉，阿尔及利
　　　　亚），塞维鲁家族神庙

第五章　希腊和东部诸省

图 233　雅典，阿格里帕音乐厅，(a)　拱廊层平面；(b) 底层平面　(引自 Travlos，1971 年)
图 234　以弗所，波利奥高架渠

　　在前去征战的罗马军队看来,地中海东部地区的情况迥然不同。罗马人发现,这里的人民虽然在政治上受罗马统治,但他们的文化传统却更加古老、丰富。希腊、小亚细亚和昔兰尼加(Cyrenaica),主要以希腊文化为主导;而叙利亚和埃及的文化则是希腊文化和当地古老文化在不同程度上融合的产物。在罗马共和国艺术与成熟的东部希腊化艺术之间的冲突中,具有强烈影响因素我们已经在第一章看到。在保持意大利本色方面,罗马的建筑确实比视觉艺术更成功,不过这种冲突也只能是在意大利本土以外才行。在共和国晚期产生的意大利—希腊化(Romano-Hellenistic)建筑,可能确实更适合传到西部地区,但其影响却难以波及操希腊语的东部地区。

　　随着奥古斯都重新统一地中海地区,形成了更富成果的东西部交流的条件。罗马影响的程度和性质,必然主要取决于当地的环境。古老的希腊和希腊化文化中心,底蕴深厚,对西部新事物的接受当然很慢,尤其以公共建筑领域表现得更为明显。雅典的阿格里帕音乐厅(Odeion of Agrippa,约公元前 15 年)明显带有坎帕尼亚的影响,因而在这方面是一个例外。罗马在各地的统治带来了和平与繁荣的环境,这一切促进了建筑的发展。罗马统治者有时也会为建筑慷慨解囊,比如提比略就帮助了亚细亚行省中遭受公元 17 年地震的城市。而其他城市如以弗所(Ephesus)和帕加马(Pergamon)等则继续保持当地建筑的本色,没有受到当时西部建筑发展的影响。公元 1 世纪的公共建筑,是在罗马统治的条件下建成的,从这个意义上说,这些建筑是罗马的,但这并不是说它们就是从意大利借鉴来的 (有少量明显的例外,容稍后详述)。

　　从这个狭窄的意义出发,就必须在其他地方寻找罗马的影响。果然,我们在希腊化传统影响不大的地区和建筑领域,找到了受罗马影响的一个领域,这就是工程和构造技术。另一个领域是在地方上没有先例可循的建筑类型,这里无需克服偏见(这里的情形与罗马共和国晚期和帝国早期的"新"建筑的地位极其相似)。接受西部变革的第三个领域是小亚细亚、叙利亚和埃及地区,相对来说,希腊化文化在这里也是新事物。以下我们将逐一讨论这几个领域。

　　一般来说,罗马人是优秀工程师,但不是天生的发明家。他们不是

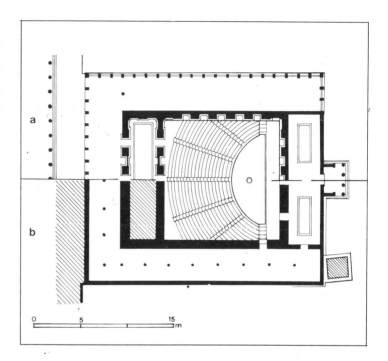

图 235 赫拉波利斯（小亚细亚），一座浴场中覆盖着拱顶的冷水浴室
图 236 锡德（潘菲利亚），剧场观众席下的柱廊

拱和拱顶的最早使用者，他们的精密工具是从亚历山德里亚的希腊人那里学来的，而大部分道路修建、供水和排水的知识则主要来自伊特鲁里亚。他们所拥有的，是将这些知识系统组织起来并有效运用的气质、物力和组织能力。奥古斯都的目标之一就是将意大利的道路修建得更加先进，在罗马城新建高架渠并彻底检修城市的排水系统。这是奥古斯都交给其好友和同僚阿格里帕的首要任务。罗马人对这件事的态度清楚地镌刻在维罗纳莱奥尼门的竣工碑文中，根据文中四位负责新城建设的官员的记录，他们建造了"城墙、大门和下水道"。

接下来是第二个领域，即无先例可循的建筑类型。罗马在这个领域对希腊地区的确做出了很大贡献。道路、桥梁、港口、仓库、高架渠和下水管道，这一切都是在整个罗马统治下的重要成果。由 C·塞克西蒂柳斯·波利奥（C. Sextilius Pollio）在以弗所建造的高架渠完成于奥古斯都时期的最后一年，其雄伟程度上虽然较加尔德桥逊色，但在象征新王朝坚实的物质财富方面毫无不及。这也是罗马建筑方法首次尝试性的引进小亚细亚。这不禁使人想起，在罗马城，也正是这种实用性建筑成为罗马混凝土这种新材料进行形式探索的主要领域之一。对于这种新材料，东部行省中的许多建筑师之所以接受得很慢，不仅是因为传统和气质上原因，而且还由于东部地区缺少火山灰——意大利中部的火山灰能够配出坚固无比的混凝土。东部地区的砂浆质量与意大利相比相形见绌，料石在很多地区还一直是建造城墙以及剧场、健身场、浴室等建筑的拱顶时首选材料，而在罗马的同样场合下，这种料石早已弃用。比较以下两座形式相近的建筑就能看出，小亚细亚和意大利建筑师在完成同样任务时采用了截然不同的方法：其一是赫拉波利斯（Hierapolis）一浴场里的大型冷水浴室，覆盖着拱顶；另一座是罗马城的马克森蒂乌斯巴西利卡（Basilica of Maxentius）。但是，新材料确实在缓慢而稳步地前进，最先采用这一材料的是 C·波利奥的高架渠。在这个问题上，工程和建筑新技术是一个问题的两个方面。

关于新式建筑的引入，希腊化地区有其独特的传统建筑形制，这种形制因长期使用而为风俗习惯所认同。神庙、柱廊广场、拱廊、剧场式的有顶议会大厅——所有这些都是不求改变的生活方式的产物。即使像巴西利卡这类极为成功的西部建筑，也需要在东部为自己争得一席

图 237 以弗所，早期的希腊化剧场平面图

图 238 以弗所，罗马舞台建筑立面。底下两层建于公元 1 世纪中叶，最上一层是 3 世纪初的加建（引自 "Forschungen in Ephesos"，1906—1971 年）

图 239 以弗所，扩建的罗马剧场平面图（引自 "Forschungen in Ephesos"，1906—1971 年）

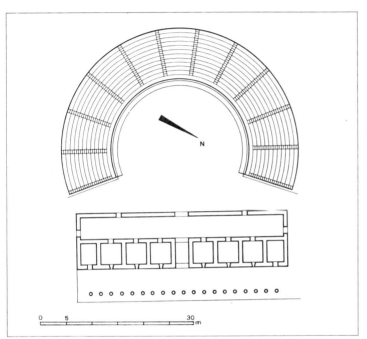

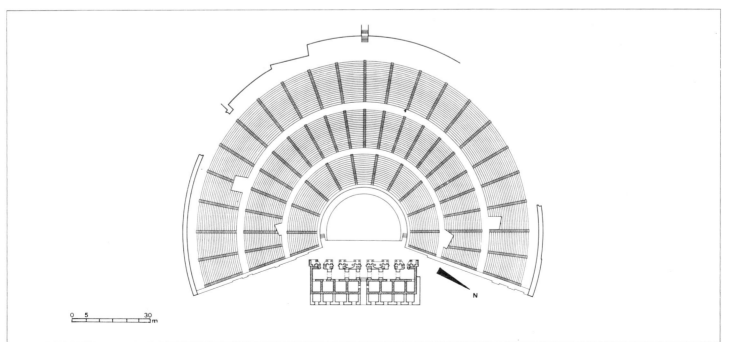

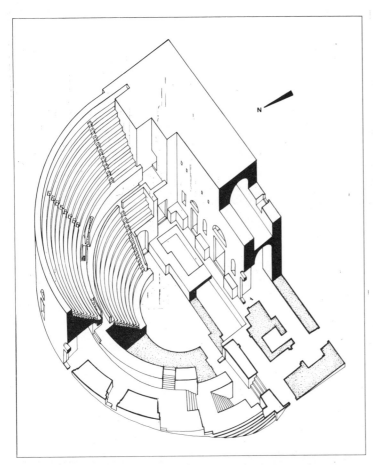

图 243　以弗所，剧场及柱廊道景观，
　　　　朝向港口及港湾浴场

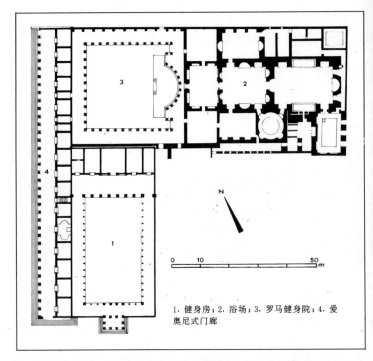

1. 健身房；2. 浴场；3. 罗马健身院；4. 爱
奥尼式门廊

之地。小亚细亚本土中已知最早的实例在士麦那 (Smyrna)，建于公元
2 世纪。

　　至于公共娱乐设施如竞技场 (hippodrome) 和运动场 (stadium) 都
是由希腊传入西部的。现有的希腊剧场可以很容易地改建成适于罗马
时尚的形式，而由意大利人创造的圆形剧场，则很难被东部接受。

　　同西部一样，在关于公共建筑的公认准则中，浴场是惹人注目的新
生事物。这种明显源于意大利的形式，在公元 1 世纪前后，已为以弗所
和米利都等地的人们所接受。这种建筑在上述两地均建在另一种希腊
传统式建筑健身房的一侧。到公元 2 世纪，浴场和健身房已融为一体，
其中浴场占主导地位。大型综合建筑群如安东尼和塞维鲁末期的萨迪
斯 (Sardis) 和安奇拉 [Ancyra，现安卡拉 (Ankara)] 的浴场，代表
了这种潮流的高峰。这种建筑当然也显示了许多地方手法的特点。精心
装饰的大厅就是非常典型的小亚细亚式建筑之一，这种大厅通常面向
带柱廊的健身场，位置居中，如萨迪斯的所谓大理石院 (Marble
Court) 就是这种布局。这是对希腊化健身房中原有特征的一种改造，事
实上，这一特征在为数不多的未转化成浴场的健身房中，经历了类似的
发展变化。后一种健身房的绝好例证在潘菲利亚的锡德。

　　就像先前罗马的情况一样，只有在满足社会中的急迫需要时，对西
部浴场建筑的迅速吸收才可能发生。由于这种建筑没有先例可循（罗马
城也是），东部的浴场建筑照搬了在意大利发展起来的拱顶技术和构造
做法。这种混凝土砌体的外观因当地面层材料的不同而迥异其趣。例如
在以弗所和帕加马，面层材料是成层砌筑的石灰石小方块；而在米利都
则为裂开的蛮石和河卵石。这种做法看起来与罗马的整齐网眼砌体或
砖砌体大相径庭，但这种差异仅仅是表面的，这实际上仍是罗马混凝土
在当地的翻版。

　　如上所述，东部各省对罗马建筑变革接受的程度与希腊化艺术对
东部行省的控制力成反比。在罗马共和国末期，希腊本身正在成为一股
文化逆流。正如罗马对于文艺复兴时期的建筑学家一样，雅典继续成为
怀旧灵感的源泉，但是雅典已不再是创造的中心了。现存希腊化传统的

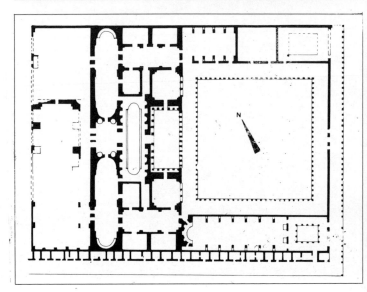

图 254　萨迪斯（小亚细亚），所谓的
　　　　大理石院，位于健身房与浴
　　　　室之间的柱廊大厅
图 255　锡德（潘菲利亚），健身房环
　　　　柱廊大厅

中心出现在小亚细亚西部、亚历山德里亚，以及叙利亚北部的几个城市，尤其是奥龙特河（Orontes）流域的安条克（今土耳其的安卡拉）。在这些城市以外，尽是亚历山大征服过的大片地区，而征服的结果不过是在古代东方的古老方式上略施了一层希腊化的粉饰而已。这里，罗马只是历史上众多征服者中的后来者，但至少无需跟既有的希腊化传统偏见斗争。这一点我们可以从剧场这一古典建筑形式中清楚地看出来。在东部，当时没有剧场的先例，在安条克以外的地区，许多真正的希腊化剧场中也无先例可循。在叙利亚，已知的罗马时期的剧场均源于共和国晚期的意大利，如庞培以及罗马的庞培剧场和马尔切鲁斯剧场。

　　在以下这个实例中，我们会更清楚地认识到这一点。最近在犹地亚（Judaea）的凯撒里亚马里蒂马（Caesarea Marittima）发掘出的剧场，是一座意大利—希腊化式建筑，由希律大帝（Herod the Great，公元前4年卒）始建。希律是罗马保护国的统治者，他不仅是位建筑高手，而且熟知罗马并对世界充满兴趣。正如人们所想到的，他的许多作品是典型的希腊化建筑，如广场、柱廊和健身房，但是，其他建筑都很有罗马特征。这些建筑包括劳迪塞亚（Laodicea）的高架渠、阿什凯隆（Ascalon）和迈萨代（Masada）的浴场、撒马利亚（Samaria）的意大利式神庙，甚至包括凯撒里亚（Caesarea）的圆形露天剧场。该剧场的底部结构采用罗马混凝土，而希律在杰里科（Jericho）乡村别墅的平台则是用方石网眼砌法砌成。最后一个大致同期的实例是位于幼发拉底河流域的萨莫萨塔（Samosata）城墙，由另一位与罗马有关系的异姓王子所建。边境上的公国有接受这种西部建筑形式的先天优势。虽然希律的建造计划建立在希腊化做法之上，但也兼有强烈的罗马风格，而且在罗马时代的叙利亚建筑上留下了不可磨灭的印记。他在安条克建造的柱廊道很可能是同类形式中的第一条，是罗马共和国晚期以希腊化柱廊形式建造的纪念性建筑。若果真如此，罗马东部建筑的最富特色的特点之一就是奥古斯都时期罗马—行省（Romano-provincial）的创造物。

　　东部和西部一样，最强有力的罗马化手段就是建立罗马军事殖民地。虽然科林斯（重建于公元前44年）仍然基本上是一个希腊城市，但保留着许多源自意大利的特征——意大利式神庙、巴西利卡（不少于三座）、典型的意大利式线脚、使用罗马混凝土的个别早期建筑，等等。如

图 256　以弗所，通往图密善庙的大
　　　　台阶

图 257 安奇拉(安卡拉,土耳其),罗
马与奥古斯都庙

图 258 赫利奥波利斯 (Heliopolis,
巴勒贝克,黎巴嫩),朱庇特
圣所(引自 Collart 和
Coupel,1951 年)

图 259 赫利奥波利斯(巴勒贝克,黎
巴嫩),朱庇特庙,正对狄俄
尼索斯(巴屈斯)庙

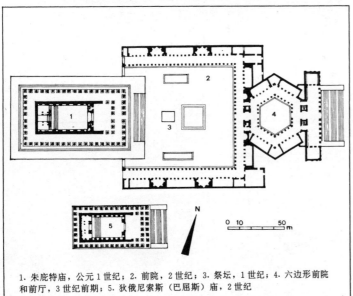

1. 朱庇特庙,公元 1 世纪;2. 前院,2 世纪;3. 祭坛,1 世纪;4. 六边形前院
和前厅,3 世纪前期;5. 狄俄尼索斯(巴屈斯)庙,2 世纪

果这在希腊本土也会发生的话,那么皮西迪亚(Pisidia)安条克的奥古斯都殖民城市,小亚细亚中南部的未开化地区也同样会有如此多样的建筑。基址上最主要的建筑物是一座国立神庙,估计是为罗马和奥古斯都而建。庙宇坐落在一段台阶顶上的台基上,接近纪念碑平台的后部,轴线正对一条通于此处的长长的林荫道。规划、设计和实际建造中的形式都是罗马式的。也许再过一百多年,人们在伟大的希腊化城市中再也找不到任何可以与之相比的建筑了。例如,安卡拉的罗马和奥古斯都庙(Temple of Rome and Augustus)与安条克的神庙功能和时代相同,非常忠实于由一位亚德里亚海的希腊建筑师赫尔莫杰尼斯(Hermogenes)在公元 2 世纪树立的传统,以致长期以来竟被认为是希腊化时期的建筑。这些都是小亚细亚人喜爱的形式,一直沿用到哈德良和安东尼·庇护时代。直到公元 2 世纪中叶,帕加马的埃斯枯拉庇乌斯圣所,才能见到完全按罗马形制建造的神庙,即哈德良万神庙的形式。

在这方面,叙利亚的情况却有所不同。位于黎巴嫩巴勒贝克的大型朱庇特圣所一直是当地重要的祭拜中心。大约在公元前 16 年,附近的罗马军事殖民地刚刚建立,人们就决定为这种祭拜礼仪修建一座宏伟的古典建筑。圣所的祭拜中心区保留着闪米特土著人的形式,即在露天的大院中树立两座祭祀用的塔式祭坛,但院子周围的其他建筑则按古典的路线建造。祭坛院由柱廊三面围合,第四面则由朱庇特庙高大的体量控制着。神庙正面有十根高大的柱子,体量巨大,加之坐落在一段大台阶之上的高大台基上,因此看上去就更高了。正是罗马式建筑强调高度的特点,使这座神庙与古典希腊大型建筑区别开来,实际上许多希腊化建筑的平面要比巴勒贝克的这一建筑大得多。例如,以弗所的阿尔忒弥斯庙(Temple of Artemis)的平面尺寸为 180.5 英尺×374 英尺(55m×114m),阿克拉加斯 [Akragas,今阿格里真托(Agrigento)] 的宙斯庙 (Temple of Zeus Olympios)占地为 173 英尺×361 英尺(52.75m×110m),而巴勒贝克的神庙却仅为 157 英尺×289 英尺(48m×88m)。但是,巴勒贝克的平台就比院子高出 44 英尺(13.5m),且柱高(从地面到柱顶)为 65 英尺(19.90m),几乎是万神庙柱高的一半。山花尖距祭坛院子的铺地达 130 英尺(40m)。所有这些都很有罗马特征。不出意料的是,对这一建筑的细致研究表明,巴勒贝克的一些很有独创力的工匠,曾在奥古斯都时期的罗马城参加过国立建筑的修建。

图 264 巴尔米拉（叙利亚），柱廊道和拱门。托架上曾放置雕像

　　就像许多古老的圣所一样，巴勒贝克圣所也是一项周期很长的工程，直到公元 2 世纪才加建了巴屈斯庙（Temple of Bacchus），入口处的建筑群则又过了近一个世纪才建成（其两侧的高塔说明，建筑风格已屈从于当地更古老的非古典传统）。在这些后建的建筑中，人们可以回顾建筑品味的稳步发展过程：数量巨大、品种繁多的材料（红色和灰色花岗岩采自阿斯旺和达达尼尔海峡，用于祭坛院中的柱子），越来越多的巴洛克式建筑细部，越来越弱的砌体实体感，更自由、更富幻觉感的处理方法。例如，在巴屈斯庙的内部，真正的墙面在哪里？但是，这些进展是以从开始就牢固确立的建筑语汇体现出来的。结果形成的建筑风格也是罗马—叙利亚式的，正如帝国早期的高卢风格是高卢—罗马式一样。

　　公元 1 世纪，人们判断罗马与单个的东部行省或行省集团的关系时，还依据或多或少存在的独立对话的特征。但正如上一章开篇所述，局势正在发生变化。意大利除了作为帝国政治首都驻地外，正在迅速失去其统治地位，正在沦为行省中的一员。在各地繁荣水平提高的同时，各行省货物和思想的交流日益频繁。柱廊道或许始于叙利亚的发明，但到公元 2 世纪时，已经在小亚细亚普及了。另外一种源于叙利亚并在罗马晚期和拜占庭时期的祭祀建筑中长期采用的建筑形式，是水平额枋与中心拱券的结合，如建于公元 117 年后不久的以弗所的哈德良的小神庙（Temple of Hadrian）。西班牙出生的图拉真皇帝（公元 98—117年）的继位，代表了新秩序的出现。以前一系列罗马与行省之间或多或少的独立对话成了一般性的交流。罗马在其中只是各种声音中的一种。整个帝国正迅速变成了一个联邦。

　　这种情况较明显地表现在，一种以当时小亚细亚的建筑和建筑装饰为基础风格，在地中海中部和东部广大地区流行开来。这种“大理石风格”（marble style）或亚细亚式建筑（Asiatic architecture）的材料就是大理石。这是一个高度组织化的商业体系的产物，该体系以北爱琴海边为数不多的国有采石场为中心，其中最有名的是马尔马拉岛上的普罗孔内苏斯采石场。建筑形制是小亚细亚发达的罗马—希腊化传统。由于这些生产和出口体系，不仅考虑到在开采时就有很大程度的预制加工，而且还考虑成立海外代销商，由掌握了小亚细亚技术和风格的工

图 269　大莱普提斯（的黎波里塔尼亚，利比亚），旧广场（韦图斯广场），奥古斯都时代的罗马—布匿式石灰石柱头

图 270　大莱普提斯（的黎波里塔尼亚，利比亚），塞维鲁巴西利卡，大理石柱头

匠代理，因此，这种贸易体现了古典化的新颖建筑形式和思想已大量注入了作为接受者的各行省现有建筑。

这种情况的影响程度各异。就罗马本身而言，影响极浅。尽管如此，一位很可能在帕加马参加过图拉真宫（Trajaneum）建造的建筑师，用普罗孔内苏斯的大理石建造了哈德良的维纳斯和罗马庙，这在当时的建筑装饰中留下了不可磨灭的印记。在罗马努姆广场的安东尼和福斯蒂纳庙内枯燥的古典主义之中，我们就能看到这种大理石的运用。大部分白色大理石来自普罗孔内苏斯，用于柱子的彩色大理石则来自埃维亚岛的卡里斯托斯。相比之下，的黎波里塔尼亚（Tripolitania）则表明了一个边远行省所具有的意义。在此，正如我们所见，公元1世纪生机勃勃的罗马—行省建筑，虽然直接或间接源于意大利，但主要是满足地方的需要，结合地方的建筑传统，利用地方的建筑材料。而这却不能抵挡公元2世纪更丰富、成熟的大理石建筑的冲击。几乎在一代人的时间内，罗马—行省式建筑便被消除殆尽，公共建筑的外观已面目全非，正如奥古斯都及其后继者对罗马市容的大刀阔斧的改造。哪里已经确立了希腊化的传统，比如黎凡特地区的海滨城市，新风格在哪里的冲击力便不那么大。尽管如此（以两个有历史记载的例子为证），潘菲利安的佩尔格和锡德，虽考古发掘深入，成果丰硕，但人们几乎找不到早期罗马—希腊化建筑的遗存。绝大多数的纪念性建筑都是哈德良时期、安东尼时期或更晚的作品。这些建筑物系用爱琴海进口的大理石建成，其风格与当时黑海的托米斯［Tomis，即康斯坦察（Constanza）］或大莱普提斯的风格是可以相通的。

这种商业行为，需要在更广的范围内对罗马帝国晚期的建筑进行概述。共有两个方面。其一是采石场的加工预制。在装运前，尤其是在开采时，柱子通常就以标准长度进行加工。万神庙门廊的柱子来自埃及的两个采石场，就是以这种方式加工而成的。单根柱子的高度为40英尺（12.2m）。柱头、柱础和壁柱以及其他建筑构件均以相同的方式制作。这种做法既产生问题也获得机遇：一方面建筑师可能因迁就构件的尺寸而影响整体建筑，罗马后期的建筑就全都是这种改造和迁就的产物。而另一方面，周密的计划却可以大大缩短建设周期。图拉真广场用了大约15年的时间建成，戴克里先浴场用了10年的时间，而许多希腊

图 271 底比斯（埃及），拉美西斯宫（Ramesseum），法老时期的砖"斜拱"做法示意图（引自 Boëthius 和 Ward-Perkins，1970 年）

图 272 罗马晚期和拜占庭时期的砖"斜拱"示意图（S. E. Gibson 原作）

图 273 阿斯彭多斯（潘菲利亚），巴西利卡底部结构中的砖"斜拱"

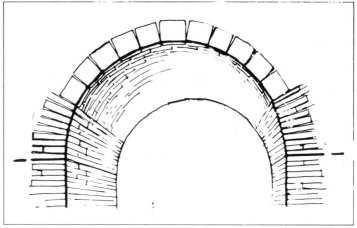

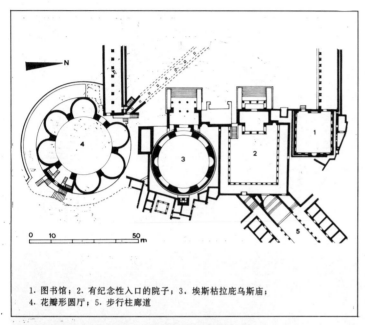

1. 图书馆；2. 有纪念性入口的院子；3. 埃斯枯拉庇乌斯庙；
4. 花瓣形圆厅；5. 步行柱廊道

神庙要用上百年的时间才能竣工。

这种交流中另一个重要方面是，在一定时期内，交流给保守的古典主义注入了新的活力。这一时期，罗马城的建筑师正忙于发展一种建筑，其中古典柱式充其量只是建筑的外表包装。小亚细亚在古典柱式权威本来就应该保持到古代后期，这一点并不出乎意料。但是，在其他方面，甚至是在严格意义上的那个时代的建筑中，之所以也会如此，在很大程度上是因为这种大规模、国营的大理石贸易的影响——大理石在当时还是特权性的建筑材料。

大理石贸易的基地虽不完全是、但也主要是爱琴海地区和埃及的采石场。关于意大利在公元 2—3 世纪对东部诸省建筑的贡献的具体研究表明，即使在许多生活方面，意大利也失去了其特权地位，与一个行省相差无几，但在建筑方面却是个例外。弗拉维宫殿（Flavian Palace）、图拉真浴场和万神庙的建筑师创造了地位显赫的新建筑。这种建筑使任何一个纪念建筑林立的行省都不敢小视。然而，虽然结果是东部某些行省对当时的意大利建筑的需求越来越大，但是，东、西部行省之间关系的改变是多方面的。只要小亚细亚和意大利的建筑师还在建筑形式和结构方法上有共同语言，并且不管在多大程度上都直接源于以前的希腊化做法，那么，小亚细亚之所以有些地方在结构上不愿选用西方建筑类型的做法，是因为他们相信自己已拥有了相当出色的地方建筑，即使比不上意大利的好，但也并不比他们差。问题的关键在于，人们是否熟悉并接受这种建筑。随着时间的推移，一些西方的建筑类型，主要是巴西利卡，事实上已被吸收到东部罗马审美准则里去了。

新罗马建筑带来了一个更大的、难以对付的问题。这种建筑使用的材料既不是处处都能得到，又不能长途运输。结果对共和国晚期和帝国早期的罗马建筑师来说，起点是新建筑材料，然后对这种材料的性能进行探索，终点成为新的建筑形式；而在公元 2 世纪，罗马东部的建筑师面临的问题却恰恰相反，新建筑形式已经给定，他们必须想方设法用当地的建筑材料和技术表现这种形式。

这种探索的逻辑起点是罗马混凝土在当地的代用品，这种代用品

图 276 阿斯彭多斯（潘菲利亚），浴
        场建筑的砖砌拱顶
图 277 阿斯彭多斯（潘菲利亚），带
        有水塔的高架渠

在罗马东部的浴场和实用性建筑中已得到广泛认可。地方材料的缺点是多数地区使用的砂浆质量相对较差，只能用来构筑简单的小型穹顶。传统的代用品料石既昂贵又笨重，因此，满足建筑师需要的不可或缺的材料，就是砖了。

　　未经烧制的土坯砖在古老的东方已有很长的历史，尤其是在美索不达米亚和埃及，石料和木材不是太贵就是十分匮乏。在小亚细亚，由于不乏优质建筑石材和木材，并不过分依赖代用品。但事实上，像在欧洲的许多地方一样，砖作为廉价的辅助建筑材料被广泛使用，不论是与木屋架混合使用还是单用。在某些情况下，砖还可用于构筑拱廊或小屋。用砖砌筑筒拱有两种方式：一种是西部一直沿用的方式，即把砖以放射状码砌，看上去就像用长拱楔块垒成的石拱顶；另一种方法是跨过整个拱跨将砖一块接一块地砌成，拱肩以放射状或在水平方向上内靠，以减少拱顶的实际跨度。"斜拱"（pitched vault）技术从古老的美索不达米亚和埃及时就一直沿用。在西部，这种方法从未见到，但却受到拜占庭早期建筑师们的青睐。有理由相信，这种技术是他们从小亚细亚地区学来的。

　　沿革情况最清楚的建筑是帕加马的埃斯枯拉庇乌斯圣所。该圣所大约在公元140—175年间兴建，全部建筑围成了一个大型矩形空间，中央一眼圣泉，三面柱廊环抱。城里的一条柱廊道直通此处。除了简陋的旅舍以外，周围的设施还有一座剧场和图书馆。有两座建筑尤其受到了当时罗马建筑的深刻影响。一是东南角上有花饰的圆顶建筑，地下是拱顶地下室，用当地材料配制的罗马混凝土建造，人们推测，上层可能有木屋顶覆盖，可能还有圆天窗。二是一座真正的埃斯枯拉庇乌斯庙（Temple of Aesculapius），设计精心模仿了哈德良的万神庙，虽体量只有其大半，但有着相同的山花下的门廊，直通内部的圆形大厅，大厅内设八个方、圆交替的壁龛。我们不知道这里如何采光，但厚实的墙体是用料石砌筑的。考古发掘者们发现了大量砖制屋顶的塌陷后的遗迹。

　　从公元2世纪中叶起，砖拱在小亚细亚地区的普及程度，事实上要大于已知实例所揭示的程度。许多浴场（如在米利都、佩尔格和锡德

的浴场)的拱顶都是在一内部砖框架上,用砂浆碎石砌筑。发掘报告描述了其他建筑物的细部,如陵墓、市场或圆形大厅,这些建筑起拱的方式相似。砖还用来砌筑普通墙体以增加强度,砌法之一是砂浆碎石和水平砖带交替使用。表面上,这种砌法与意大利中部的砖石混合砌体相似,但不同的是,砖实际上砌入了砌体的内部并加强了砌体的强度。罗马时期用这种做法的优秀实例可能是在萨迪斯(Sardis)和安卡拉的浴场墙体、尼西亚〔Nicaea,今伊兹尼克(Iznik)〕的城墙和阿斯彭多斯(Aspendos)的高架渠加压塔中发现。另外,我们发现了单用砖砌的城墙。这种方法与表面相似的意大利砌法也不相同:意大利的砖仅是包在混凝土墙芯以外的面层材料,而小亚细亚的砖则直接被当作独立的建筑材料。罗马西部直到古代晚期之前从未使用过砖。这种砖砌体的有名实例可见于帕加马的克孜尔阿夫卢(Kizil Avlu)、以弗所的港湾浴场(Harbor Baths)和阿斯彭多斯的高架渠。

随着砖拱作为意大利混凝土拱顶有效代用品的出现,我们对小亚细亚地区的罗马建筑的研究暂可告一段落。现在我们转向尼科美底亚和塞萨洛尼卡等地方首府的建筑。然后再看看君士坦丁堡建立,该城在接下去的一千年中将会成为主要的宝藏,就像希腊曾经有过的情况一样。这实质上还是罗马—希腊化建筑,在罗马城的这种建筑之后,这成为是各种地方传统完美结合的最重要的单一因素,这些地方传统构成了罗马帝国的建筑。

我们不准备详述叙利亚及其相邻地区的传统。这并不是没有多大兴趣,而是因为就建筑学而论,周围这些城市在某种程度上是相互隔离的〔如奥龙特河流域的安条克、阿帕梅亚(Apamea)、巴勒贝克、博斯特拉(Bostra)、大马士革、杜拉欧罗普斯(Dura-Europos)、杰拉什、巴尔米拉(Palmyra)、阿勒颇(Aleppo)附近的山村以及毫兰山(Hauran)附近的城市〕。确实,叙利亚各行省的早期帝国建筑深受罗马影响,而且比同时代小亚细亚地区受到罗马的影响要大得多。虽然叙利亚反过来不可避免地把这些影响施加给了其邻邦——柱廊道的广泛采用就是这种影响引人注意的例证——叙利亚对广大地中海地区建筑的直接影响却小得出乎意料。而该地区的影响是以其他方式反映出来的:通过思想媒介(特别是宗教思想),通过视觉艺术。而且,叙利亚

图 281　帕加马，克孜尔阿夫卢，中央
　　　　大厅

图 282　埃莱夫西斯（阿提卡），内
　　　　（小）门道 ［Inner （Lesser）
　　　　Propylaea］，复原图，建于公
　　　　元前 50 年之后不久（引自
　　　　Hörmann，1932 年）
图 283　埃莱夫西斯（阿提卡），内
　　　　（小）门道，柱头

图 284　雅典，风之塔

图 285　雅典，哈德良图书馆立面

图 286　雅典，哈德良凯旋门立面复
　　　　　原图（S. E. Gibson 原作）
图 287　雅典，哈德良凯旋门

是地中海地区和古代东方之间天然的过渡地带。基督教源于东方而圣
地则在叙利亚南部的邻国巴勒斯坦境内。随着神权国家在君士坦丁时
期的建立，它们在建筑方面的联系也就变得非常重要。但那是以后的事
情。正如上文所述，就罗马建筑而言，叙利亚行省并非我们研究的主要
对象。

　　最后谈一下雅典。早在罗马人征服希腊之前，雅典便失去了其政治
重要性。但它却有着两份宝贵财富：巨大的文化声望和无与伦比的雕塑
水平。我们知道，萨拉米斯的赫尔莫多鲁斯（Hermodorus of Salamis）
在公元前 2 世纪时就已经在罗马工作，而富有的罗马人就像此前的希
腊化时代统治者一样，以能够在雅典建各种高级建筑为荣。奇切罗的一
位商业伙伴普尔喀（Appius Claudius Pulcher）就在埃莱夫西斯建造了
一个纪念性的大门，其残迹保留至今。罗马的许多早期的大理石砌体都
是由雅典工匠用阿提卡大理石砌筑的，后来才改用意大利的大理石。帝
国时期在雅典敕建建筑的皇帝及其同僚有：恺撒、奥古斯都和他的同僚
阿格里帕、尼禄、哈德良（新城区的建造者）和安东尼·庇护。公元 143
年，希腊的工匠们还在迦太基忙于装饰安东尼浴场（Antonine Baths），
而半个世纪后，他们又为大莱普提斯的塞维鲁广场工作了。那些由雅典
工匠制作的、精美的大理石雕花石棺出口到整个地中海中部和东部地
区，一直持续到公元 267 年赫鲁利人洗劫雅典为止。有了赞助人、材料
和技术，人们相信，雅典可以形成与小亚细亚城市相媲美的、独树一帜
的罗马行省建筑流派。但是，历史的沉重是无法抵抗的：正当雅典雕塑
家忙于复制历史每一时期的杰作，并发展自己时代的艺术风格时，雅典
的建筑师们却成了自己多才多艺的牺牲品。他们是出色的工匠，但不是
创造者。这一点同等地表现在以下这些事实中：将一座 5 世纪的神庙从
阿提卡的乡村迁到广场新址，或者复原伊瑞克提翁庙（这一事件很快在
罗马的奥古斯都广场或阿格里帕的万神庙中得到反响），或者按国外资
助者的详细要求建造一座新公共建筑。在雅典，至少有以下三座属于最
后这个建筑范畴：阿格里帕音乐厅（约公元前 15 年）、恺撒和奥古斯都
广场（公元前 12—前 2 年）以及哈德良图书馆。其中，前两者是直接
模仿意大利南部的范例，而哈德良的建筑的建筑蓝本则是罗马城韦斯
巴芗的帕奇斯庙，一座本来就与意大利南部有渊源关系的建筑。这三座
建筑的细部都是雅典式风格，无一例外。

第六章　罗马晚期建筑

在雅典，最接近真正创造性的建筑是一些小建筑，如风之塔和哈德良凯旋门，它们是旧城和哈德良新区之间的边界标志。风之塔（Tower of the Winds）大约建于公元前 1 世纪中叶，是为容纳安德罗尼柯（Andronicus of Cyrrhus）制作的水钟而建，是这类建筑中的小型杰作。在这座建筑的门廊中首次出现的优美的莲叶柱头，在整个古代时期不断地被复制，例如在大莱普提斯的门廊中就能看到这样的柱头，由雅典工匠雕刻。

现在，哈德良凯旋门券洞两侧墙面上的一对柱子不见了，它们看上去似乎用于支撑上部结构中的突出部分，而凯旋门两尽端壁柱上的塑像也缺失了。现在所看到的底层拱门和上部结构之间悬殊的尺度差异，毫无意义，事实上却是精心设计的两种对比性的建筑形式的叠加。尽管语汇是传统的，但运用得非常娴熟，故意诱使人们对建筑构件的真正结构作用产生错觉（构件本身也非常相像）。这种情况下，我们怀疑这里有当时小亚细亚建筑风格的影响，该地切尔苏斯图书馆（Library of Celsus）的立面中就是这种巴洛克式的错觉主义的产物。

罗马建筑历史发展到了这样一个时期，这一时期或许可用以下四座伟大的国立建筑来概括：一是神圣图拉真庙（Temple of Divus Trajanus），一座传统的意大利式雄伟建筑，是图拉真广场精神的延续和形式上的完整化；二是新王朝的陵墓，是将奥古斯都陵的样式细致改造后的最新样式；三是宏大的维纳斯和罗马庙，是哈德良折衷的、亲希腊的怪异品味的反映，也是由希腊工匠用从小亚细亚专门进口的希腊（普罗孔内苏斯）大理石建造的第一座国立建筑，地位十分显赫；最后是万神庙，一个新混凝土拱顶建筑的伟大杰作。罗马建筑是许多支流汇成的大河，但是，到公元 138 年哈德良去世时，可以说新混凝土建筑已经赢得了绝对地位。建筑师们在建造哈德良别墅时，探索了新材料在美观方面的极限。在图拉真浴场、万神庙和帕拉蒂诺山，他们用这种新材料取得了宏伟的新空间效果，而且在奥斯蒂亚和图拉真市场中，拓展出一种日常生活的新行为场所。从尼禄到哈德良是向更新境界迅速提升的时代。在建筑革命之后，建筑出现了一段时间的谨慎演变，在接下来的两个世纪里，大部分时间都在巩固这个阵地。

在公元 138 年安东尼·庇护掌权后的半个世纪中，罗马城中几乎没有建造任何公共建筑。官方的注意力日益转向各行省——这使人想起了迦太基大型的安东尼浴场（公元 143 年）——经过一百五十年从未间断的建设，首都的公共建筑已呈饱和状态。在塞维鲁及其直接继承人短暂的统治时期，帝国用重新复苏的财政实力建成了卡拉卡拉浴场、塞维鲁·亚历山大浴场（现已不存），并扩建了帕拉蒂诺山上的宫殿。此后，在公元 3 世纪中叶的混乱时期，建设进入了停滞状态，并一直持续到奥勒良统治时期（公元 270—275 年）。戴克里先（公元 284—305 年）和马克森蒂乌斯（公元 306—312 年）开创了非基督教建筑最后一次大规模的建设局面。这一时期遗留下的建筑都是保守的建筑，例如神圣哈德良庙（Temple of Divus Hadrianus）、安东尼和福斯蒂纳庙、奥勒良柱和塞维鲁凯旋门。如果再仔细观察上述以姓氏命名的建筑上的雕塑，就会看到二百年前由奥古斯都创立的官方古典化准则最终出现了破产的迹象。但在严格意义上的建筑领域，只有在奥斯蒂亚的商业区和居住区中，才能更确切地看到，社会是如何包容了隐含在新建筑中的新的品味标准。

图 288　罗马，在阿比亚大道上的马
　　　　克森蒂乌斯竞技场
图 289　罗马，表现塞维鲁凯旋门的
　　　　硬币。门上部是胜利的铜车
　　　　马和其他人物
图 290　罗马，塞维鲁凯旋门

这些新标准是什么?不妨简单地说,新标准表现在对新混凝土材料性能越来越多的了解,并通过各种方式体现出来:在建筑内部,体现在更娴熟地表现空间关系;在建筑外部,体现在建筑设计上的变化,建筑外观在反映内部空间的逻辑的同时,向外部世界呈现出了一个更连贯、更自足(self-sufficient)的面貌;同时,在各个方面上又都体现在对古典柱式的逐步清除,除了在少数情况下,柱式与新混凝土建筑达成了某种妥协。以下我们将依次简述这几个方面。

经过哈德良别墅的疯狂建设之后,人们或许会感到,他们已经极为详尽地探索了由纯几何形式围合的空间,于是,现在的重点逐步转移到空间关系的表现上来,包括直接由围护结构围起来的空间,或者这些空间之外的空间。在标准"帝国式"浴场中,居于中央的大冷水浴室可看作完备的单元——大厅拱顶由 3 跨高大的十字拱组成,两侧有 3 对简拱支住——在马克森蒂乌斯借鉴这种形式来建造他的巴西利卡时,也是这么认为的。这座巴西利卡建在广场附近,是最后一座非基督教的罗马巴西利卡,也是唯一一座打破传统、采用混凝土拱顶的巴西利卡。但是,冷水浴室也是两条主轴线的交汇点,沿着轴线人们可以看到光影交替强烈的效果,生动地表现了中央大厅在整个组群的重要地位。同样,卡拉卡拉浴场中的大型圆形穹顶建筑,即热水浴室,也有相同的效果。这里,万神庙式的中央圆天窗已经被鼓座上部的四个大窗所取代,因此,失去了用单一光源投射而产生的神秘聚焦感,但是,所得到的不仅有方便舒适也有参与到户外世界的感觉。

使最简单的集中形式——圆顶大厅丰富起来的另一种手法,是在周圈墙体上开洞,在外墙上形成一系列的半圆凸起,同时也通过这些曲线形的柱状屏风对外开敞。这种思想的源流(也是后来很多变革的根源)可以在蒂沃利的哈德良别墅中,比如德奥罗庭院的前厅和所谓"图书馆"的几间居室看到。到公元 3、4 世纪,这种带半圆凸起的集中式平面已司空见惯。像所谓密涅瓦庙[实际上是利奇纽斯花园(Licinian Gardens)的一个亭子]这样的建筑成为早期拜占庭建筑最富生命力的思想的先声。

创造一个有意义的、新型建筑外观的问题,只有在特定的情况下才

图 294　罗马，圣玛丽亚教堂，在戴克
　　　　里先浴场冷水浴室上改建而
　　　　成。建筑的结构包括拱顶都
　　　　是罗马时期的

图 295　马克森蒂乌斯巴西利卡，分
　　　　格的拱顶

图 296　罗马，马克森蒂乌斯巴西利
　　　　卡。中央大厅原来有分格的
　　　　拱顶

图 297，罗马，利奇纽斯花园中的楼
　　　阁平面图（所谓的密涅瓦庙）
　　　（引自 Deichmann, 1941 年）

图 298，图 299　罗马利奇纽斯中的
　　　　　　楼阁建筑

图 300　罗马，利奇纽斯花园的楼阁。
　　　内中可见到砖砌拱肋，其下
　　　部有大理石面层的残迹

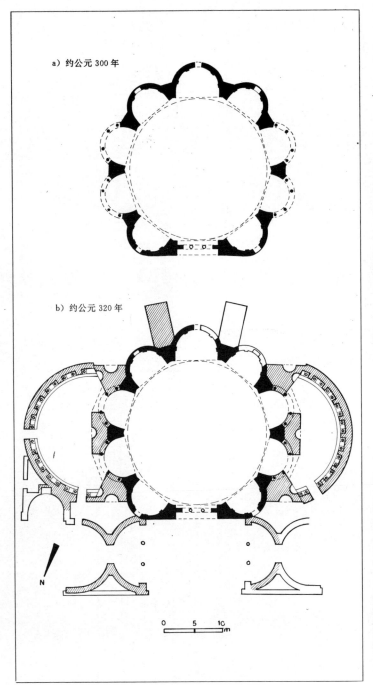

a）约公元 300 年

b）约公元 320 年

N

0　　5　　10
　　　　　　m

图 301　罗马，图拉真市场，半穹顶（外墙表面原为混凝土，后来贴上了面砖）

图 302　罗马，戴克里先重建的尤利亚元老院

图 303　大莱普提斯（的黎波里塔尼亚，利比亚），狩猎浴场，复原的轴测图和平面图（引自 Toynbee 和 Ward-Perkins，1049 年）

图 304　大莱普提斯（的黎波里塔尼亚，利比亚），狩猎浴场

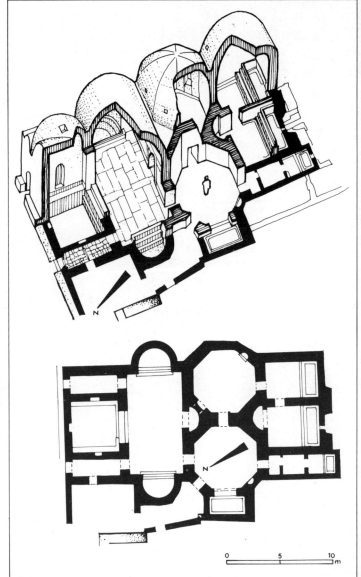

能得到严肃的解决，即已有的古典柱式惯例不再被人感到是藐视一切的东西。这样，在奥斯蒂亚的商业和居住建筑，以及在图拉真市场那样的建筑中，我们最先看到了新形式的出现。人们用门窗和阳台取代了柱式和檐部，创造了一种虚实交替的构图效果。这里，浴场建筑作为一种到处可见的纪念性建筑（按传统观点，浴场比其他纪念性建筑要低微一些），最重要的，作为一种功能性的建筑，在新建筑景观中起着重要作用。平面可能是对称的，如图拉真和卡拉卡拉浴场，在冷水浴室巨大体块中两侧各有一排拱形窗，形成了南立面的主要构成要素；也可能是不对称的，如奥斯蒂亚的广场浴场，冷水浴室的窗子是开在一个不断有凸凹变化的曲线形体上。极有可能的是，在这两种情况中，外部的穹顶是没有支撑的，如图拉真市场的半穹顶（半穹顶从正面几乎觉察不到）、大莱普提斯狩猎浴场的穹顶和筒拱，以及罗马地区无数的小型浴场建筑就是这样处理的。这是罗马天际线令人激动的新特征。在对传统品味形成内在的震动之后，他们也为将要出现的、适应那个时代的形式付出了很多。

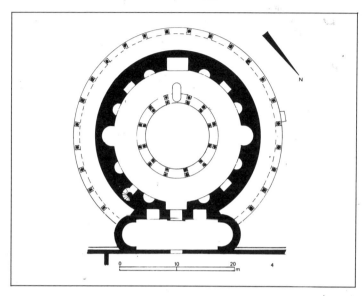

　　与常见的情况相同，建筑类型的历史越是古老，也就越不容易妥协。正如人们今天看到的，戴克里先在罗马努姆广场上重建的尤利亚元老院，明显是座装饰简朴的建筑，砖砌的外墙表面上仅有门和三个大窗，上部设有暗拱。但近而观之，则可看到，不仅是檐部，而且整个立面都是抹灰作伪的，其意图是刻意模仿粗野的石砌体。过度保守的古代建筑遗存与古风化建筑的复兴是无法混淆的，例如阿比亚大道上的马克森蒂乌斯陵（Mausoleum of Maxentius）圣区、斯普利特［斯帕拉托（spalato）］的戴克里先宫殿立面，以及特里尔的尼格拉桥上，都运用了以古典柱式套住券洞的形式。那个时代的建筑思想，则更明确地体现在对盲拱廊（blind arcading）的有效运用，如君士坦丁时期的观众大厅（Audience Hall）以及君士坦丁堡内的仓库。这种拱廊的节奏所收到的视觉效果与希腊神庙的外部柱式相同，砌体的体量跟光与影、虚与实的和谐构图融为一体。但是，希腊柱式以其成熟的细部，直接回应了由柱子支撑的木屋架体系的结构要求，而罗马晚期的解决办法，正如在特里尔、皇帝陵墓或奥勒良城墙的城门中所看到的，则体现了一种难以两全的折衷。因此，这种内向的混凝土拱顶建筑的结构逻辑，被迫向有效的和满足视觉的外表体系妥协了。罗马建筑师从未达到像哥特教堂那样

图 307　斯普利特(达尔马提亚,南斯
　　　　拉夫),戴克里先的设防住宅
　　　　立面细部,罗伯特·亚当的
　　　　版画(1754年)
图 308　罗马,尤利亚元老院(戴克里
　　　　先重建),用抹灰模仿石砌体
　　　　的表面
图 309　戴克里先浴场

内外的和谐一致,人们只能将特里尔的观众厅外部与早期基督教的巴西利卡,如米兰的圣辛普利恰诺教堂(San Simpliciano)和罗马的圣萨比纳教堂(Santa Sabina)进行比较,以此来体会罗马的成就。

随着时间的流逝,人们很难分清早期的遗存(survival)和后世的复兴(revivial)了。直到基督教时期,古典柱式继续在建筑的室内得到广泛应用。作为一种建筑构件,它们只是过去的重复:如果不是可用的或者可重复利用的大理石有充分的供应的话,它们可能早就被更合逻辑的墩柱上的拱券所取代了,这种拱券公元2世纪时在奥斯蒂亚很流行。它们在开敞的、有柱子的屏风墙上还是大有用处的,这种屏风墙在帝国建筑晚期有很重要的地位,虽然柱顶上的水平额枋一般都是用拱券代替的。水平檐部的取消带来了一些问题。柱顶以上的墙体一般比柱子和柱头宽,而过去檐口的作用之一就是在柱子和上部较宽墙体之间起到过渡作用。一个解决办法是使用双柱,这是君士坦丁女儿墓[现为圣康斯坦察教堂(Church of Santa Constanza)]的建筑师所采用的。另一种方法是在柱头和拱券之间加上一条长条形的石料或大理石(柱头拱墩),这种方法受到了大多数基督教早期的建筑师的青睐。但是,把事物推向逻辑的结果,即将结构和装饰统一成有机的整体,形成实质上独立于其古典先例的体系,这一任务要留待公元6世纪时期君士坦丁堡查士丁尼(Justinian)①的建筑师去完成了。

另一种对古典柱式沿用的方法也值得一提,即柱式被沿袭为传统装饰题材库中的一部分,适用于以大理石面砖、抹灰或马赛克装饰的建筑内墙面。这里越来越难以分辨古代的遗存和后来的复兴了。不过,既然这一墙面装饰体系长久以来就不再与支撑结构保持着任何明晰的结构关系——比如万神庙室内的上层柱式——这种区分在建筑上就意义不大了。在对拱顶和穹窿的装饰时(也常常反映在铺地设计中),人们愿意寻找有结构意义的表里如一的装饰体系,这也并不足为奇。

罗马城的建筑师们正缓慢而稳步地巩固和发展着由罗马建筑创建

① 即查士丁尼一世(约公元500—565年),拜占庭皇帝,公元527—565年在位。——译者注

图 310　罗马，戴克里先浴场，俯临游
　　　　泳池的冷水浴室立面。皮拉
　　　　内西的版画

图 311　罗马，阿比亚门的复原图（现
　　　　为圣塞巴斯蒂安诺门），奥勒
　　　　良时期的情况，约公元 275
　　　　年

图 312　罗马，阿比亚门（现圣塞巴斯
　　　　蒂安诺门），在公元 400 年前
　　　　后重修后的情况

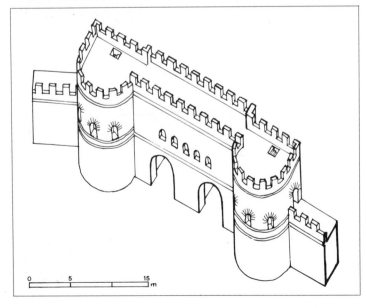

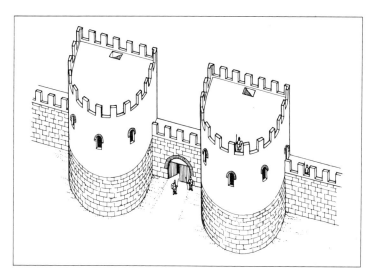

者留下的建筑思想遗产，与此同时，在帝国的其他地区，文明生活的模式正迅速而剧烈地改变着。在公元 3 世纪时，野蛮的游牧民族越过了莱茵河和多瑙河，他们见到什么就破坏什么。公元 253 年，帕提亚军队占领了安条克；公元 267 年雅典遭赫鲁利人洗劫。动荡的局势使罗马城也深感不安，奥尔良感到有必要在周圈建造防御城墙，将主要的宫廷禁区保护起来，这一围墙就是以他的名字命名的奥尔良城墙（Aurelianic Wall）。从城墙和大门的原有形式可以看出，罗马的军事建筑在最后三百年内变化不大，或者说需要改变的地方不多。但城墙的出现是个不祥的预兆。帝国的边界已退缩到了意大利。

为了应对这种新形势，戴克里先皇帝（公元 284—305 年）采用了所谓"四帝共治制"的体制，即由两位正职和两位副职皇帝分别负责罗马四个区域的行政和防御。虽然罗马仍是名义上的首都，但是实际的政权走马灯似地在一连串地域中心之间转移，这些城市在帝国北部和东部边境，接近军队，也接近危险地带，包括特里尔、米兰、西尔缪姆〔米特罗维察（Mitrovica），南斯拉夫北部〕、塞萨洛尼基〔萨洛尼卡(Salonica)〕、尼科美底亚〔现伊兹米特（Izmit），马尔马拉海〕、奥龙特河流域的安条克，以及最重要的君士坦丁堡。北非也有问题，但程度还不至于到这种地步。前两章所讲到的建筑模式，在我们已知的城市中，如迦太基、大莱普提斯和亚里山德拉亚（Alexandria），以及其他帝国大片的非边境地区，仍发挥着作用。到处都在发生着改变，只是比较缓慢而已。另一方面，在各个中心城市，四帝共治制形成了崭新的建筑环境，某种程度上与一个世纪前的大莱普提斯相似，虽然现在是植根于现在的需要——这种形势以皇家资助为基础，涉及宏大的官方建设计划，同时，因为这些城市也是皇帝的居住地，故而对其他地区包括中心和边远地区的情况了如指掌，并受到它们的影响。君士坦丁的部分童年时光是在尼克美底亚度过的，他年轻时从特里尔起家，于公元 312 年之后的一段时间内在罗马崛起。公元 320 年他兴建君士坦丁堡并在 330 年迁都至此。我们想知道，在他掌权之后，思想的传播是否比以前更快、更自由了。

关于安条克的宫殿虽然有公元 4 世纪的作家利巴纽斯（Libanius）的详细描述，但实际建筑已荡然无存；在米兰，尚有与宫殿相邻的竞技

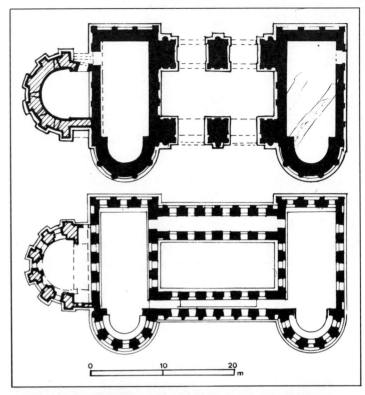

图 315 奥古斯塔特雷维罗伦（特里尔，德国），尼格拉门平面图，上为底层平面，下为二层平面。半圆凹室是中世纪添加的（引自 Gose，1969 年）

图 316 奥古斯塔特雷维罗伦（特里尔，德国），尼格拉门

场遗存；在西尔缪姆，考古发掘已开始发现了与宫殿有关的遗址，包括一个竞技场和一座帝国式浴场；在塞萨洛尼基，现在已经知道带穹顶的圣乔治教堂（St. Geoge）曾是加勒留斯[①]陵（Mausoleum of Galerius）的基址，该建筑与宫殿遗址相连，宫殿也是俯临着竞技场。特里尔曾是君士坦提乌斯的首府，这里不仅有包括观众大厅在内的宫殿实物遗存，而且还有两个大型帝国浴场建筑群（一个属于早期建筑，另一个是君士坦丁时期的）；在一条柱廊道的轴线尽端，还有宏大的城门——尼格拉门；另有一座大型公共仓库以及必不可少的竞技场。这里我们还得补充几个实例：一个是戴克里先的一座设防住宅，这是他在斯普利特为退位（公元 305 年）而兴建的，是一座有实无名的宫殿，包括带八角穹顶的陵墓（现为教堂）；还有马克森蒂乌斯为他自己在罗马阿比亚大道旁修建的居住建筑群，建于公元 306—312 年，后又添建了一处家庭墓葬（圆形建筑，前面加上突出的山花门廊，即万神庙的形制）和一个竞技场。

即使是这样的仓促概览，也能很明显地看出四帝的新首府彼此间是多么相似。每座城市都以自己的方式成为行省中缩微的罗马城，它们的建筑都与帕拉蒂诺山上俯临大竞技场的弗拉维宫殿格局相对应，比如君士坦丁的"新罗马"，就有博斯普鲁斯山（Bozporus）上俯临竞技场的大宫殿（Great Palace）。我们对单体建筑的了解多数情况下是片断性的，但尽管如此，这些了解也足以表明，这里各个单体建筑在总体上也是大致统一的。例如奥索纽斯（Ausonius）大约在公元 338 年描述了米兰的剧场、竞技场、两圈城墙、神庙、宫殿、工场和由马克西米安（Maximian）建造的一个浴场。但所有这些只剩下了外圈城墙上的一座塔楼，城墙也是由马克西米安添建，将竞技场和宫殿区封闭起来。各处的要求大致相同：围墙、宫殿加上相邻的竞技场、为宫廷人员和卫队提供住宿和服务、仓库和造币厂，可能还有类似宫廷礼拜堂的建筑及陵墓。

很多建筑的形制都是罗马的，但也并非毫无例外。集中式布局的

---

① 加勒留斯（Valerius Maximianus Galerius），罗马皇帝，公元 305—311 年在位。——译者注

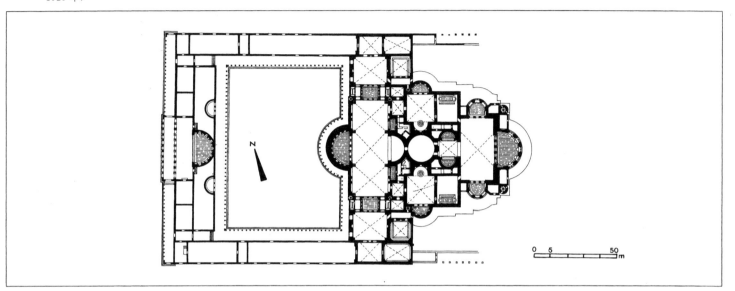

图 319　奥古斯塔特雷维罗伦（特里尔，德国），宫殿巴西利卡（观众大厅）
图 320　斯普利特（达尔马提亚，南斯拉夫），戴克里先宫邸的金门

图 321　奥古斯塔特雷维罗伦（特里尔，德国），宫殿巴西利卡（观众大厅），室内

塞萨洛尼基和斯普利特的陵墓，出自罗马的原型，如普拉埃内斯蒂纳大道上的德斯基亚维墓（Tor de'Schiavi），以及卡西利纳大道（Via Casilina）旁的海伦娜女皇墓。而另一方面，特里尔的柱廊道则由东方传来，在西部，唯一已知的早期实例是在大莱普提斯发现的塞维鲁时期的遗迹，价值很大。

在研究单体建筑细部处理和构造技术时，也有同样的情况出现，正如人们所预料到的，这些建筑大部分都是建立在当时地方做法的基础上。例如在塞萨洛尼卡，正是当地工匠以正确的方式用毛石和砖交替的方法砌筑了陵墓的墙体，并且也是当地工匠用砖来发券。另一方面，斯普利特的戴克里先宫殿则明显是从帝国各地招募来的工匠建造的。虽然料石砌体代表了悠久的地方传统，但这一做法却与叙利亚和小亚细亚各地工匠的手法类同。叙利亚和小亚细亚还是另外一些做法的发源地，如中央礼仪院落（ceremonial courtyard）的拱廊、扩展的砖拱用法，或者一些细部做法，比如架在过梁之上的露明暗拱，或者装饰在主要陆路大门金门上的架在牛腿上的券柱式。与东部特征成对照的是面向大海的拱廊，券洞套在装饰性柱式的半柱之间，形成一种古风式的西化风格，实例见于当时罗马马克森蒂乌斯陵的院子和特里尔的尼格拉门中。

思想和技术火花迸射的突出实例来自特里尔的观众大厅。粗看之下，人们可能会将此当作最新的但属另一类反映当时城市砖包混凝土砌体的典型实例。而实际上大厅是实心砖砌筑的，就像帕加马的克孜尔阿夫卢（Kizil Avlu）。这可能是迄今在西部发现的仅见于小亚细亚的构造技术的唯一实例。不管保守建筑传统在普通行省城市中有多重要，在四帝的首府中，情况则迅速向着另一个方面发展，这里建筑在其范围内非常普遍，超越了不同的界限，甚至超越了分隔着东部和西部的难以逾越的壁垒。

但是，事物的最后发展并未这样结束。在戴克里先的铁腕统治下，四帝共治制只能有效地在罗马地区恢复秩序，并形成了对外防御的体系。但作为一种体制，四帝共治制注定要失败，因为参加合作的各个皇帝都各怀野心，王朝纷争不断。君士坦丁逐一地消灭了他的同僚，并于公元 323 年挫败利奇纽斯（Licinius）之后成为帝国唯一的君主，帝国

图 322　米兰，圣洛伦佐教堂室内

图 323　罗马，圣玛利亚·马焦雷教堂，室内

图 324　拉韦纳，圣维塔莱教堂平面图

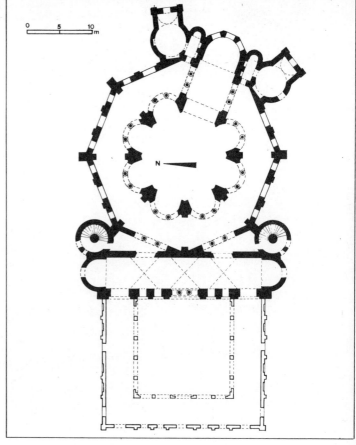

图 325　拉韦纳，圣维塔莱教堂室内，
　　　　后殿
图 326　君士坦丁堡（伊斯坦布尔，土
　　　　耳其），圣索菲亚教堂

再次在一位统治者之下重新实现了一段时间的统一。但是君士坦丁是位现实主义者，他十分清楚四帝共治所代表的权力分散的好处。当他开始规划君士坦丁堡时，他十分自然地不想把该城仅仅建成一个地区首府，而要取代战略地位较差的尼克美底亚和塞萨洛尼基。正是罗马城中不信基督教的老贵族的顽固反对，使他决定在公元 330 年迁都到君士坦丁堡（同时还有他手中的政权）。公元 395 年，狄奥多西（Theodosius）[①]去世，短暂的统一结束了，帝国不可挽回地分裂成两大部分：东罗马帝国或称拜占庭帝国，以君士坦丁堡为中心；西罗马帝国，以罗马城为名义上的首都，但实际以定居于意大利北部的米兰宫廷执政，随后迁至都韦纳。

在建筑历史上，具有讽刺意义的是，君士坦丁将首都迁至博斯普鲁斯山之后，曾经是新建筑先锋的罗马城——这正是罗马帝国留给欧洲文明的最重要的艺术遗产——几乎在一夜之间成为死水一潭，成为传统主义（traditionalism）的中心。罗马城适时地成为宣传那些古典价值观的源泉和激发力量，而那些价值观正是罗马建筑革命的建筑师们竭力要取而代之的。而君士坦丁堡的角色正好反过来。从历史和地理上说，君士坦丁堡是有活力的、但基本是保守的罗马—希腊化古典主义的继承者（小亚细亚西部曾是其自然的中心），它在罗马城中止了新罗马建筑发展的时候，却开始吸收、发展和毫无保留地将新罗马建筑的经验传给后人。这一过程的细节我们不得而知，但为了更好地理解罗马建筑的意义，思考下面的问题将会有所帮助：这为什么会发生？在如此重大的命运改变中，有哪些政治、社会和实践机制起到了决定性的作用？

显而易见，是权利和资金向君士坦丁堡的转移剥夺了罗马城艺术创造中心的地位。不可避免的是，新首都吸收了最好的建筑师，并给他们发挥才华的机会，而与此同时，除了为新型的国教基督教兴修建筑之外，罗马有能力将过去的建筑维护得很好。公元 357 年，君士坦提乌斯二世访问了罗马，这是第一次也是唯一的一次。19 世纪的人们充分享受着人文主义文化和艺术带来的真实感受，而君士坦提乌斯访问罗马就

---

① 即狄奥多西一世（公元 347—395 年），罗马皇帝，在位时间是公元 379—
　　395 年。——译者注

与19世纪游客参观文艺复兴时的罗马和佛罗伦萨时的感受是一样的。

但迁都君士坦丁堡只是答案的一部分。人们在看了罗马非基督教时期最后二十年里的建筑后就会意识到，经过一段相对的停滞时期，首都的建筑又开始了新的探索和冒险，这些建筑包括：马克森蒂乌斯巴西利卡（Basilica of Maxentius）、所谓的罗慕洛庙（Temple of Romulus）、君士坦丁浴场、所谓的密涅瓦庙、圣康斯坦察教堂（church of Santa Constanza）。我们又遇到了建筑史上的一个"或许曾有"（might-have-been）。不过，这次的问题是为基督教建造礼拜的中心，基督教新近被赋予政治特权。不管决定圣约翰·拉特兰教堂（St. John Lateran）和大型殉道者圣地（martyr shrines）形式的人是谁，他们选择的实际上是已经过时的建筑类型——由柱子支撑的木屋顶的巴西利卡。这是为什么？

这一问题曾有过无休无止但毫无结果的争论。能沾边的答案（指望有单一的、全能的答案必然是错误的）包括：巴西利卡与宗教无任何关系；在整个西部和大部分的东部地区，巴西利卡是熟悉的多功能建筑，可容纳人数众多的集会。我们无法知道这些原因中哪些构成了决定性的因素，或者还有什么其他原因，但事情的结果是，罗马城和罗马地区的很多地方，在公元4—5世纪时的主要营建活动都指向了同一种建筑类型：巴西利卡。巴西利卡在罗马混凝土建筑尚处于初始阶段时就已形成。欧洲中世纪早期的基督教建筑（这一时期多数纪念性建筑都是宗教建筑）的历史，是缓慢地、艰难地收复失地的历史。

在政治、文化上受到君士坦丁堡控制的地区，建设时期流行的建筑传统，按罗马城的标准已是非常过时的。的确，四帝共治开始引发许多变化，这从塞萨洛尼基的遗址中可看出一些端倪。然而，小亚细亚和北爱琴海的建筑，曾经是、现在仍是使罗马—希腊化建筑的品味和实践保持生机和活力的力量。这一传统也会传播到新首都的建筑师和艺术家那里，那里正成为逐渐兴起的拜占庭文化的重要组成部分。但承认这些也就不能否认，当时也有西部建筑类型的渗入，并伴随着西方建筑技术本土化的探索。我们已在上一章中看到了这个进程。例如，当加勒留想在塞萨洛尼基建一个西式的穹顶圆形大厅时，他发现一切都水到渠成。同样，君士坦丁在博斯普鲁斯山上兴建"新罗马"时，他能够随心所欲地运用罗马建筑的智慧积累，这些知识保证了当时的工匠能用他们自己的材料和做法来完成建造任务。

意大利北部的建筑，如米兰的圣洛伦佐教堂和后来拉韦纳有强烈的拜占庭影响的圣维塔莱教堂（San Vitale）继续保持着罗马传统。除此之外，建筑活动和探索的中心东移。我们能在君士坦丁堡——在教堂、宫殿、浴场和富有官员住宅中——找到罗马所遗失的。这里，旧帝国的丝线已被重新拾起，织成了新图案。新城也并未一味机械模仿老罗马城，从一开始就有源自小亚细亚和叙利亚的元素。早期拜占庭建筑的伟大作品圣索菲亚大教堂虽然包含了许多非罗马的因素，但如果没有罗马建筑师已创造的总体经验，就不可能有这种建筑的构想。因此，将圣索菲亚教堂说成罗马帝国建筑传统的伟大作品，也并不为过。

参考文献

GENERAL WORKS

BIANCHI BANDINELLI, R., *Rome, the Centre of Power: Roman Art to A.D. 200*, London, 1970.
——, *Rome, the Late Empire*, London, 1971.
BOËTHIUS, A., and WARD-PERKINS, J. B., *Etruscan and Roman Architecture*, Harmondsworth, 1970.
BROWN, F. E., *Roman Architecture*, New York, 1961.
CREMA, L., *L'architettura romana*, Turin, 1959.
DEICHMANN, F. W., *Studien zur Architektur Konstantinopels im 5. und 6. Jahrhundert nach Christus*, Baden-Baden, 1956.
Enciclopedia dell'arte antica classica e orientale, 7 vols., Rome, 1958–66 (Supplement, 1971).
HEILMEYER, W.-D., *Korinthische Normalkapitelle: Studien zur Geschichte der römischen Architektur-dekoration*, Heidelberg, 1960.
KRAUTHEIMER, R., *Early Christian and Byzantine Architecture*, Harmondsworth, 1965.
LUGLI, G., "Architettura Italica," in *Memorie dell'Accademia Nazionale dei Lincei*, II, 1949.
MARTIN, R., "Architettura greca," in *Architettura Mediterranea Preromana*, Milan, 1972.
RAKOB, F., "Römische Architektur," in *Das römische Weltreich* (Propyläen Kunstgeschichte, II, T. Kraus, ed.), Berlin, 1967.
RIVOIRA, G. T., *Roman Architecture*, Oxford, 1925.
SCHMIEDT, G., *Atlante Aerofotografico delle Sedi Umane in Italia*, Florence, 1970.
VITRUVIUS, *De architectura* (English translation, F. Granger, Loeb ed.), 2 vols., London, 1929, 1934.
VOLBACH, W. F., and HIRMER, M., *Early Christian Art*, London, 1961.
WHEELER, R. E. M., *Roman Art and Architecture*, London, 1964.

TOWN PLANNING

CASTAGNOLI, F., *Orthogonal Planning in Antiquity*, Cambridge (Mass.), 1972.
MANSUELLI, G. A., *Architettura e città*, Bologna, 1970.
TACITUS, *Annales*, XV, 43 (for Nero's town-planning regulations).
WARD-PERKINS, J. B., *Cities of Ancient Greece and Italy: Planning in Classical Antiquity*, New York, 1974.

BUILDING MATERIALS AND CONSTRUCTION TECHNIQUES

BLAKE, M. E., *Ancient Roman Construction in Italy from the Prehistoric Period to Augustus*, Washington, D.C., 1947.
——, *Roman Construction in Italy from Tiberius through the Flavians*, Washington, D. C., 1959.
——, and TAYLOR BISHOP, D., *Roman Construction in Italy from Nerva through the Antonines*, Philadelphia, 1973.
BLOCH, H., *I bolli laterizi e la storia dell'edilizia romana*, Rome, 1947.
BRUZZA, L., "Iscrizioni dei marmi grezzi," in *Annali dell' Istituto di Corrispondenza Archeologica*, XLII, 1870.
CHOISY, A., *L'Art de bâtir chez les romains*, Paris, 1873.
COZZO, G., *Ingegneria romana*, Rome, 1928 (reprint, 1970).
FRANK, T., *Roman Buildings of the Republic: an attempt to date them from their materials*, American Academy in Rome, 1924.
GNOLI, R., *Marmora Romana*, Rome, 1971.
LUGLI, G., *La tecnica edilizia romana con particolare riguardo a Roma e Lazio*, 2 vols., Rome, 1957.
WARD-PERKINS, J. B., "Tripolitania and the Marble Trade," in *Journal of Roman Studies*, XLI, 1951.
——, "Notes on the Structure and Building Methods of Early Byzantine Architecture," in D. Talbot-Rice (ed.), *The Great Palace of the Byzantine Emperors*, II, Edinburgh, 1958.
——, "Marmo: uso e commercio in Roma," in *Enciclopedia dell'arte antica...*, IV, Rome, 1961.

BUILDING TYPES

DE FRANCISCIS, A., and PANE, R., *Mausolei romani in Campania*, Naples, 1957.
FRONTINUS, *De aquaeductis urbis Romae* (English translation, C. E. Bennett, Loeb ed.), London, 1950.
GAZZOLA, P., *Ponti romani*, Florence, 1963.
GRIMAL, P., *Les jardins romains*, Paris, 1943.
KÄHLER, H., "Triumphbogen (Ehrenbogen)," in Pauly-Wissowa, *Real-Enzyklopädie*, 2, VII, A. I., 1939.
——, "Die römischen Torburgen der frühen Kaiserzeit," in *Jahrbuch des deutschen Archäologischen Instituts*, 57, 1942.
——, *Der römische Tempel*, Berlin, 1970.
NEUERBERG, N., *L'Architettura delle fontane e dei ninfei nell'Italia antica*, Naples, 1965.
RICKMAN, G. E., *Roman Granaries and Store Buildings*, Cambridge (Eng.), 1971.
TAMM, B., *Auditorium and Palatium*, Stockholm, 1963.

For articles on individual building types, with detailed bibliographies and in many cases lists of known examples, see also *Enciclopedia dell'arte antica...* under the following headings: *anfiteatro* (G. Forni, I, 1958); *arco onorario e trionfale* (M. Pallottino, I, 1958); *basilica* (G. Carettoni, II, 1959); *biblioteca* (H. Kähler, II, 1959); *circo e ippodromo* (G. Forni, II, 1959); *magazzino (horreum)* (R. Staccioli, IV, 1961); *mercato (macellum, emporium)* (R. Staccioli, IV, 1961); *monumento funerario* (G. A. Mansuelli, V, 1963); *ponte* (J. Briegleb, VI, 1965); *teatro* (G. Forni, Suppl., 1971); *terme (thermae, balnea)* (H. Kähler, VII, 1966).

ROME: GENERAL WORKS

ASHBY, T., *The Aqueducts of Ancient Rome*, Oxford, 1935.
——, and PLATNER, S. B., *A Topographical Dictionary of Ancient Rome*, Oxford, 1929.
BRIZZI, M., *Roma: i monumenti antichi*, Rome, 1973.
CARETTONI, G., COLINI, A. M., COZZA, L., and GATTI, G., *La pianta marmorea di Roma antica*, Rome, 1960.
COARELLI, F., "L'ara di Domizio Enobarbo e la cultura artistica in Roma nel II sec. a. C.," in *Dialoghi di Archeologia*, II, 1968.
——, *Roma*, Milan, 1971.
DEICHMANN, F. W., "Untersuchungen an spätrömischen Rundbauten in Rom," in *Archäologischer Anzeiger*, 1941.
GROS, P., "Hermodorus et Vitruve," in *Mélanges de l'Ecole Française de Rome*, LXXXV, 1973.
LUGLI, G., *Roma antica: il centro monumentale*, Rome, 1946.
MACDONALD, W. L., *The Architecture of the Roman Empire*, I, New Haven, 1965.
NASH, E., *Pictorial Dictionary of Ancient Rome* (rev. ed.), London, 1968.
SHIPLEY, F. W., "The Building Activities of the Viri Triumphales from 44 B.C. to 14 A.D.," in *Memoirs of the American Academy in Rome*, IX, 1931.
——, *Agrippa's Building Activities in Rome*, St. Louis, 1933.
STRONG, D. E., "Late Hadrianic Architectural Ornament in Rome," in *Papers of the British School at Rome*, XXI, 1953.

ROME: INDIVIDUAL BUILDINGS

BARTOLI, A., *Curia Senatus: lo scavo e il restauro*, Florence, 1963.
BOËTHIUS, A., *The Golden House of Nero*, University of Michigan, 1960.
BRILLIANT, R., "The Arch of Septimius Severus in the Forum Romanum," in *Memoirs of the American Academy in Rome*, XXIX, Rome, 1967.
COLINI, A. M., *Stadium Domitiani*, Istituto di Studi Romani, 1943.
DE FINE LICHT, K., *The Rotunda in Rome: a Study of Hadrian's Pantheon*, Copenhagen, 1966.
GIULIANO, A., *Arco di Costantino*, Milan, 1955.
GRANT, M., *The Roman Forum*, London, 1970.
LEON, C., *Die Bauenornamentik des Trajansforums*, Vienna-Cologne, 1971.
MINOPRIO, A., "A Restoration of the Basilica of Constantine," in *Papers of the British School at Rome*, XII, 1932.
MORETTI, G., *Ara Pacis Augustae*, Rome, 1948.
RAKOB, F., and HEILMEYER, W.-D., *Der Rundtempel am Tiber in Rom*, Mainz, 1973.
RICHMOND, I. A., *The City Wall of Imperial Rome*, Oxford, 1930.
SIMON, E., *Ara Pacis Augustae*, Tübingen, 1967.

WATAGHIN CANTINO, G., *La Domus Augustana,* Turin, 1966.

ZANKER, P., *Forum Augustum,* Tübingen, 1958.

———, "Das Trajansforum in Rom," in *Archäologischer Anzeiger,* 1970.

———, *Forum Romanum. Die Neugestaltung durch Augustus,* Tübingen, 1972.

CENTRAL AND SOUTHERN ITALY

The Sanctuaries of Republican Latium

DELBRUECK, R., *Hellenistische Bauten in Latium,* 2 vols., Strassburg, 1907–12.

FASOLO, F., and GULLINI, G., *Il Santuario di Fortuna Primigenia a Palestrina,* Rome, 1953.

GIULIANI, C. F., *Tibur (Forma Italiae, I,7),* Rome, 1970.

Ostia

BECATTI, G., "Case Ostiensi del Tardo Impero," in *Bollettino d'Arte,* XXXIII, 1948.

CALZA, G., "Topografia generale," in *Scavi di Ostia,* I, Rome, 1953.

CALZA, R., and NASH, E., *Ostia,* Florence, 1959.

MEIGGS, R., *Roman Ostia,* Oxford, 1960.

Hadrian's Villa

AURIGEMMA, S., *Villa Adriana,* Rome, 1962.

KÄHLER, H., *Hadrian und seine Villa bei Tivoli,* Berlin, 1950.

Pompeii and Herculaneum

For comprehensive bibliographies of these two sites, see A. MAIURI, "Ercolano" and "Pompei" in *Enciclopedia dell' arte antica…,* III, 1960, and VI, 1965.

MAIURI, A., *La Villa dei Misteri,* Rome, 1931.

———, *Ercolano: i nuovi scavi (1927–1958),* Rome, 1958.

MAU, A., *Pompeji in Leben und Kunst,* Leipzig, 1908.

SPINAZZOLA, V., *Pompei alla luce degli scavi di Via dell'Abbondanza,* Rome, 1953.

Other Central and South Italian Sites

BROWN, F. E., "Cosa 1" and "Cosa 2," in *Memoirs of the American Academy in Rome,* XX, 1950, and XXVI, 1960.

MERTENS, J., *Alba Fucens,* vols. 1 and 2, Institut Historique Belge de Rome, 1969.

———, *Ordona,* vols. 1 and 3, Institut Historique Belge de Rome, 1965 and 1971.

ROTILI, M., *L'Arco di Traiano a Benevento,* Rome, 1972.

NORTH ITALY AND THE WESTERN PROVINCES

General

WARD-PERKINS, J. B., "From Republic to Empire: reflections on the early provincial architecture of the Roman West," in *Journal of Roman Studies,* LX, 1970.

North Italy

BAROCELLI, P., *Aosta,* Ivrea, 1936.

BESCHI, L., *Verona romana: i monumenti in Verona e il suo territorio,* Istituto per gli Studi Storici Veronesi, I, 1960.

CALDERINI, A., "Milano romana fino al trionfo del Cristianesimo" and "Milano durante il Basso Impero," in *Storia di Milano,* Milan, 1953.

———, CHIERICI, G., and CECCHELLI, C., *La Basilica di S. Lorenzo Maggiore in Milano,* Milan, 1951.

FOGOLARI, G., "Verona: il restauro della Porta dei Leoni," in *Notizie degli Scavi (Supplemento),* 1965.

KÄHLER, H., "Die römische Stadttore von Verona," in *Jahrbuch des Deutschen Archäologischen Instituts,* L, 1935.

MIRABELLA ROBERTI, M., in *Storia di Brescia,* I, Brescia, 1963.

RICHMOND, I. A., "Augustan Gates at Torino and Spello," in *Papers of the British School at Rome,* XVI, 1932.

ZORZI, F., et al., *Verona e il suo territorio,* I, Verona, 1961.

The European Provinces

AMY, R., et al., "L'Arc d'Orange" (Supplement XV to *Gallia*), Paris, 1962.

BOON, G. C., *Silchester: the Roman Town of Calleva,* Taunton, 1974.

FOUET, G., *La Villa Gallo-Romaine de Montmaurin* (Supplement XX to *Gallia*), Paris, 1969.

FRERE, S. S., *Britannia,* London, 1967.

GARCÍA Y BELLIDO, A., *Arte romano* (2nd ed.), Madrid, 1972.

GOSE, E., *Die Porta Nigra in Trier,* 2 vols., Berlin, 1969.

———, *Der gallo-römische Tempelbezirk in Altbachtal,* Mainz, 1972.

GRENIER, A., *Manuel d'archéologie gallo-romaine,* III: *L'Architecture* (Paris, 1958), and IV: *Les Monuments des eaux* (Paris, 1960).

KRENCKER, D., and KRÜGER, E., *Die Trierer Kaiserthermen,* Augsburg, 1929.

LAUR-BELART, R., *Führer durch Augusta Raurica,* Basel, 1948.

MANSUELLI, G. A., *Il monumento augusteo del 27 a. C.: nuove ricerche sull'Arco di Rimini,* republished from *Arte Antica e Moderna,* nos. 8 and 9, Bologna, 1960.

MARASOVIĆ, J. and T., *Diocletian Palace,* Zagreb, 1970.

RIVET, A. L. F., *The Roman Villa in Britain,* London, 1969.

ROLLAND, H., *Fouilles de Glanum* (Supplement I to *Gallia*), Paris, 1946.

———, *Le Mausolée de Glanum* (Supplement XXXI to *Gallia*), Paris, 1969.

RUESCH, W., "Die spätantike Kaiser-residenzen Trier in Lichte neuer Ausgrabungen," in *Archäologischer Anzeiger,* 1962.

Sirmium, vols. I and II, Belgrade, 1971.

North Africa

BALLU, A., *Les Ruines de Timgad (antique Thamugadi),* Paris, 1897.

———, *Les Ruines de Timgad: sept années de découvertes,* Paris, 1911.

BIANCHI BANDINELLI, R., ed., *Leptis Magna,* Rome, 1963.

COURTOIS, C., *Timgad: Antique Thamugadi,* Algiers, 1951.

GSELL, S., *Monuments antiques de l'Algérie,* 2 vols., Paris, 1901.

LESCHI, L., *Djemila: antique Cuicul,* Algiers, 1953.

LÉZINE, A., *Architecture romaine d'Afrique,* Tunis, n.d. (c. 1961).

PICARD, G.-C., *La Civilisation de l'Afrique romaine,* Paris, 1959.

REBUFFAT, R., "Maisons à peristyle de l'Afrique du Nord," in *Mélanges de l'Ecole Française de Rome,* 81, 1969.

ROMANELLI, P., *Topografia e Archeologia dell'Africa Romana,* Turin, 1970.

SQUARCIAPINO FLORIANI, M., *Leptis Magna,* Basel, 1966.

TOYNBEE, J. M. C., and WARD-PERKINS, J. B., "The Hunting Baths at Leptis Magna," in *Archaeologia,* XCIII, 1949.

WARD-PERKINS, J. B., "The Art of the Severan Age in the Light of Tripolitanian Discoveries," in *Proceedings of the British Academy,* XXXVII, 1951.

THE EASTERN PROVINCES

Greece

Ancient Corinth: a Guide to the Excavations (6th ed.), American School of Classical Studies at Athens, 1954.

Corinth: Results of the Excavations Conducted by the American School of Classical Studies at Athens, 16 vols., 1932–67.

GIULIANO, A., *La cultura artistica delle province della Grecia in età romana,* Rome, 1965.

HÖRMANN, H., *Die inneren Propyläen von Eleusis,* Berlin-Leipzig, 1932.

ROBINSON, H. S., "The Tower of the Winds and the Roman market place," in *American Journal of Archaeology,* XLVII, 1943.

THOMPSON, H. A., "The Odeion in the Athenian Agora," in *Hesperia,* XIX, 1950.

TRAVLOS, J., *Bildlexikon zur Topographie des antiken Athen*, Tübingen, 1971.

Asia Minor: Ephesus, Miletus, Pergamon

Altertümer von Pergamon, 11 vols., Berlin, 1912–68.
BOEHRINGER, E., *Pergamon*, in *Neue deutsche Ausgrabungen im Mittelmeergebiet und im Vorderen Orient*, Berlin, 1959.
Forschungen in Ephesos veröffentlicht vom Österreichischen Archäologischen Institut in Wien, 7 vols., 1906–71.
GERKAN, A. von, and KRIESCHEN, F., *Thermen und Palästren* (*Milet*, I, 8), Berlin, 1925.
KEIL, J., *Führer durch Ephesos* (5th ed.), Vienna, 1964.
KLEINER, G., *Die Ruinen von Milet*, Berlin, 1968.
ZIEGENAUS, O., "Die Ausgrabungen zu Pergamon in Asklepieion," in *Archäologischer Anzeiger*, 1970.

Other Sites in Asia Minor

AKURGAL, E., *Ancient Civilizations and Ruins of Turkey*, Istanbul, 1970.
BEAN, G. E., *Aegean Turkey: an Archaeological Guide*, London, 1966.
———, *Turkey's Southern Shore: an Archaeological Guide*, London, 1968.

———, *Turkey beyond the Maeander: an Archaeological Guide*, London, 1971.
KRENCKER, D. M., and SCHEDE, M., *Der Tempel in Ankara*, Berlin-Leipzig, 1936.
LANCKORONSKI, K., *Städte Pamphyliens und Pisidiens*, 2 vols., Vienna, 1892.
MANSEL, A. M., *Die Ruinen von Side*, Berlin, 1963.
NAUMANN, R., and KANTAR, S., "Die Agora von Smyrna," in *Kleinasien und Byzanz* (*Istanbuler-Forschungen*, 17), Berlin, 1950.
ROBINSON, D. M., "A preliminary report on the excavations at Pisidian Antioch and at Sizma," in *American Journal of Archaeology*, XXVIII, 1924.

Syria

Annales Archéologiques de Syrie (since XVI, called *Annales Archéologiques Arabes Syrienne*), I, 1951; in progress.
BUTLER, H. C., *Publication of an American Archaeological Expedition to Syria in 1899–1901*, II: *Architecture and Other Arts*, New York, 1903.
———, *Princeton University Archaeological Expeditions to Syria in 1904–5 and 1909* (parts A and B), Leiden, 1906–20.
KRENCKER, D. M., and ZSCHIETZSCHMANN, W., *Römische Tempel in Syrien*, Berlin, 1938.

Syria, I, 1920; in progress.
WARD-PERKINS, J. B., "The Roman West and the Parthian East," in *Proceedings of the British Academy*, II, 1965.

Baalbek

COLLART, P., and COUPEL, J., *L'Autel monumental de Baalbek*, Beirut, 1951.
WIEGAND, T., ed., *Baalbek*, 2 vols., Berlin-Leipzig, 1921–23.

Other Sites in the East

BROWNING, I., *Petra*, London, 1973.
COUPEL, P., and FREZOULS, E., *Le Théâtre de Philippopolis en Arabie*, Paris, 1956.
The Excavations at Dura-Europos, Preliminary Reports: First Season (1927–28) to Ninth Season (1935–36), New Haven, 1929–52.
KRAELING, C. H., *Gerasa, City of the Decapolis*, New Haven, 1938.
TCHALENKO, G., *Villages antiques de la Syrie du nord*, 3 vols., Paris, 1953.
WIEGAND, T., ed., *Palmyra: Ergebnisse der Expeditionen von 1902 und 1917*, 2 vols., Berlin, 1932.

英汉名词对照

A

Acanthus scrollwork, on the Ara Pacis (Rome) 和平祭坛中的卷叶纹装饰板（罗马）

Achaea 阿哈伊亚

Adam, Robert 罗伯特·亚当

Adrian, see Hadrian 阿德良，参见"哈德良"

Africa, see North Africa 非洲，参见"北非"

Agrippa, Marcus Vipsanius 马尔库斯·维普萨纽斯·阿格里帕

Akragas (Agrigento), Temple of Zeus Olympios, at 阿克拉加斯（阿格里真托），宙斯庙

Alatri 阿拉特里

Alba Fucens 阿尔巴富森斯

Albanum (Albano) 阿尔巴努姆（阿尔巴诺）

Domitian's villa near 附近的图密善别墅

Villa of Pompey 庞培别墅

Alexander Severus, see Severus, Alexander 亚历山大·塞维鲁，参见"Severus, Alexander"

Alexandria (Asia Minor) 亚里山德里亚（小亚细亚）

tomb facades at 陵墓立面

Aliki, island of Thasos (Greece) 阿利基，萨索斯岛（希腊）

marble quarry at 大理石采石场

Alpine valleys 阿尔卑斯山谷

Altar of Peace, see Ara Pacis 和平祭坛，参见"Ara Pacis"

Altar of Pity (Athens) 怜悯祭坛（雅典）

Altbachtal sanctuary (Augusta Treverorum, modern Trier), temple in 阿尔特巴赫塔尔圣所（奥古斯特雷维罗伦，现特里尔），神庙

Ameria (Amelia), limestone polygonal masonry of the town walls at 阿梅利亚，城墙上的多角石灰石砌体

Amphitheaters 圆形剧场

in Augustan age 奥古斯都时代的

concrete as building material for 混凝土作为建筑材料

Ancona 安克纳

Arch of Trajan 图拉真凯旋门

Ancyra (Ankara, Turkey): bath

building at 安奇拉（安卡拉，土耳其）：浴场建筑

bath-gymnasium complex at 浴室—健身房组合体

Temple of Rome and Augustus 罗马和奥古斯都庙

Antioch (Syria) 安条克（叙利亚）

Antiochus IV (King of Syria) 安条克四世（叙利亚国王）

Antonine Baths (Carthage) 安东尼浴场（迦太基）

Antoninus Pius 安东尼·庇护

Aosta 奥斯塔（即奥古斯塔普拉埃托里亚）

Apartment blocks (insulae) 公寓楼

Aphrodisias (Asia Minor): bath building at 阿弗洛狄西亚（小亚细亚）：浴场建筑

hippodrome 竞技场

Apollodorus of Damascus 大马士革的阿波罗多罗斯

Apses 半圆凹室

Aqua Anio Novus (Rome) 阿尼奥诺武斯高架渠（罗马）

Aqua Claudia (Rome) 克劳狄高架渠（罗马）

Aquae Flavianae 阿奎弗拉维亚纳埃

Aquae Sulis (Bath, Britain) 阿奎苏利斯（巴斯，不列颠）

Aqua Julia (Rome) 尤利亚高架渠（罗马）

Aqua Virgo (Rome) 维尔格高架渠（罗马）

Aqueduct of Los Milagros (Augusta Emerita) 洛斯米拉格罗斯高架渠（奥古斯塔埃梅利塔）

Aqueducts 高架渠

Ara Pacis (Rome) 和平祭坛（罗马）

acanthus scrollwork on the 卷叶纹装饰板

frieze on the 饰带

Arausio (Orange): arch at 阿劳西奥（奥朗日）：凯旋门

theater at 剧场

Arcades, brick 砖拱廊

Arched gateways 拱门

Arches: commemorative 纪念性拱门（凯旋门）

relieving 暗拱

in Republican Rome 在共和国时代的罗马

Architects 建筑师

Arch of Augustus (Ariminum) 奥古斯都凯旋门（阿里米努姆）

Arch of Augustus (Rome) 奥古斯都凯旋门（罗马）

Arch of Augustus (Susa) 奥古斯都凯旋门（苏萨）

Arch of Constantine (Rome) 君士坦丁凯旋门（罗马）

Arch of Hadrian (Athens) 哈德良凯旋门（雅典）

Arch of Septimius Severus (Rome) 塞维鲁凯旋门（罗马）

Arch of Titus (Rome) 提图斯凯旋门（罗马）

Arch of Trajan (Ancona) 图拉真凯旋门（安克纳）

Arch of Trajan (Beneventum) 图拉真凯旋门（贝内文图姆）

Arch of Trajan (Thamugadi) 图拉真凯旋门（萨姆加迪）

Ariminum (Rimini) 阿里米努姆（里米尼）

Arch of Augustus 奥古斯都凯旋门

Arles, amphitheater at 阿尔勒，圆形剧场

Ascalon, bath buildings at 阿什凯隆，浴场建筑

Asia Minor 小亚细亚

bath bailding 浴场建筑

brick vaulting in 砖拱

colonnaded streets in 柱廊道

Hellenistic tradition in 希腊化传统

marble quarries in 大理石采石场

Aspendos (Pamphylia): aqueduct with pressure towers at 阿斯彭多斯（潘菲利亚）：带水塔的高架渠

basilica, "pitched" brick vaulting 巴西利卡，砖"斜拱"

bath buildings with brick vaults 带砖拱的浴场建筑

theater at 剧场

Assar (Syria) 阿萨尔（叙利亚）

Aswan (Egypt) 阿斯旺（埃及）

Athens 雅典

Arch of Hadrian 哈德良凯旋门

Forum of Caesar and Augustus 恺撒和奥古斯都广场

Hadrian's Library 哈德良图书馆

Odeion 音乐厅

Parthenon 帕提农神庙

Temple of Zeus Olympios 宙斯庙

Tower of the Winds 风之塔

Atrium house: Corinthian 科林新式天井式住宅

in late Republic 共和国晚期的

in Republican era 共和国时代的

tetrastyle 四列柱式

Attica 阿提卡

Attic art 雅典艺术

Attic influence: in Augustan age 奥古斯都时代雅典艺术的影响

Attic sculpture 雅典式雕塑

Audience Hall (Augusta Treverorum) 观众大厅（奥古斯塔特雷维洛伦）

Augusta Bagiennorum (Benevagenna) 奥古斯塔巴吉恩诺伦

Augusta Emerita (Merida, Spain): aqueduct of Los Milagros 奥古斯塔埃梅利塔（梅里达，西班牙）：洛斯米拉格罗斯高架渠

theater, at 剧场

Augustan age 奥古斯都时代

Augustan Neo-Classicism 奥古斯都时代的新古典主义

Augusta Praetoria (Aosta) 奥古斯塔普拉埃托里亚（奥斯塔）

Porta Praetoria (city gate) 普拉埃托里亚门

Augusta Raurica (Augst, Germany) 奥古斯塔劳里卡（奥格斯特，德国）

basilica-forum-temple complex at 巴西利卡—广场—神庙组合体

theater at 剧场

Augusta Taurinorum (Turin), Porta Palatina 奥古斯塔都灵诺伦（都灵），帕拉蒂纳门

Augusta Trajana (Stara Zagora, Bulgaria), baths at 奥古斯塔特拉亚纳（旧扎戈拉，保加利亚），浴场

Augusta Treverorum (Trier, Germany): basilica of the Palace (Audience Hall) 奥古斯塔特雷维罗伦（特里尔，德国）：宫内的巴西利卡（观众大厅）

Baths of Constantine 君士坦丁浴场

colonnaded street 拱廊道

Porta Nigra 尼格拉门

temple in Altbachtal sanctuary in

201

203

照片来源

注：文内数字为图片所在图号。

Aerofototeca Ministero della Pubblica Istruzione，Roma：171.

Archivio Electa：50，64，80，94，294，309，322.

Bruno Balestrini，Milano：10，11，12，14，15，18，19，27，34，46，47，48，49，58，59，65，67，75，77，79，81，84，86，87，88，92，98，105，116，121，123，131，133，136，141，143，144，145，146，147，148，149，156，162，165，170，172，173，174，177，178，181，182，183，184，185，187，189，190，191，192，193，194，202，205，206，207，208，215，224，241，242，244，247，250，262，265，266，279，284，285，287，288，290，291，292，295，296，298，299，300，302，312，323，326.

M. H. Ballance：32，33.

Bildarchiv Foto Marburg，Marburg/Lahn：319.

British School at Rome：20，28，42，78，106，135，152，210，211，225，230，231，270，280.

Fernando Castagnoli，Roma：6.

Lucos Cozza，X Ripartizione del Comune di Roma：44，93.

Fotocielo，Roma：186.

Fototeca Unione Presso Accademia Americana，Roma：1，3，21，22，38，39，40，41，43，45，72，83，89，90，91，104，109，111，115，118，138，160，163，164，175，176，188，199，222，229，257，289，293，304，308，314，316.

G. A. Hanfmann：254.

Istituto Germanico，Roma：16，82，102，107，119，220，306.

Landesmuseum，Treviri：321.

Pepi Merisio，Bergamo：122.

Josephine Powell，Roma：228.

Ezio Quiresi，Cremona：259，260，261.

John B. Ward-Perkins：7，31，52，53，66，70，76，95，101，112，117，124，125，126，127，128，129，130，132，139，150，154，159，161，212，219，232，234，235，236，244，245，249，251，252，253，255，256，263，264，267，268，269，273，275，276，277，278，281，283，301，320.

译 后 记

本书是一部关于古代罗马建筑的专史，作者在讲述罗马建筑形式发展时，紧密结合罗马时期的政治、经济、宗教、社会习俗、建筑材料和技术等相关因素，使人们对罗马建筑有了更立体、更全面的了解。作者在书中提供的翔实材料和图片，仿佛是一架放大镜，人们透过它能更清晰看到古罗马时期城市和建筑的生动图景。对于一般只读过外国建筑通史的读者来说，这本书不仅内容更丰富，而且可以说令人耳目一新，其中涉及的不少问题至今仍有启发、借鉴的意义。

本书在翻译过程中，天津大学建筑学院的沈玉麟教授、王蔚副教授对部分章节进行了审阅，周祖奭教授为一些术语的翻译提出了建议，王其亨教授对译文的润色提了许多宝贵意见，邹德侬教授也提供了很多帮助，在此表示衷心感谢。还要感谢的是中国建筑工业出版社的王伯扬先生、董苏华女士及其同事们，是他们的艰辛劳动才使本书顺利出版。

本书是世界建筑史丛书中的一本，这套丛书的每一本书都是一个时期或地区建筑发展的专史。这样一套丛书的出版在国内可能还是第一次。译者为这套丛书的出版感到欣喜，并为能参加翻译工作而感到欣慰，但欣慰之余也深感不安，因为译者的功底不深，偏偏又是急就成文，所以纰漏恐怕会有不少，恳请广大读者批评指正。

译者

1999 年 9 月

版权登记图字：01 - 1998 - 2241 号

图书在版编目（CIP）数据

罗马建筑 /（英）约翰·B·沃德—珀金斯（Perkins, J. B. W.）著；吴葱
等译. —北京：中国建筑工业出版社，1999
（世界建筑史丛书）
ISBN 978 - 7 - 112 - 03735 - 3

Ⅰ. 罗⋯　Ⅱ.①约⋯　②吴⋯　Ⅲ.①古建筑 - 罗马式建筑史　②古建筑 -
古罗马 - 简介　Ⅳ. TU - 091. 8

中国版本图书馆 CIP 数据核字（1999）第 11126 号

本书经意大利 Electa S. p. A. 出版公司正式授权本社在中国出版发行中文版
Roman Architecture，History of World Architecture/John B. Ward-Perkins

责任编辑：董苏华　张惠珍

世界建筑史丛书

罗马建筑

[英] 约翰·B·沃德—珀金斯　著

吴葱　张威　庄岳　译

＊

中国建筑工业出版社出版、发行（北京西郊百万庄）
各地新华书店、建筑书店经销
廊坊市海涛印刷有限公司印刷

＊

开本：787×1092 毫米　1/12　印张：17½
1999 年 12 月第一版　　2015 年 1 月第三次印刷
定价：**60.00** 元
ISBN 978 - 7 - 112 - 03735 - 3
　　　　（17794）